"十二五"职业教育国家规划教材

经全国职业教育教材审定委员会审定

电气自动控制系统

主　编　葛华江

参　编　李　军　　邵红硕

U0218114

机械工业出版社

CHINA MACHINE PRESS

本书是经全国职业教育教材审定委员会审定的"十二五"职业教育国家规划教材，是根据教育部于 2014 年公布的《中等职业学校电气运行与控制专业教学标准》，同时参考国家人力资源和社会保障部电工职业资格标准编写的。

本书主要内容包括自动控制系统、直流调速系统、三相异步电动机变频调速系统和伺服系统。

本书可作为中等职业学校电气运行与控制专业的教材，也可作为电气自动化岗位的培训教材。

为便于教学，本书配套有助教课件，选择本书作为教材的教师可来电（010-88379195）索取，或登录 www.cmpedu.com 网站，注册并免费下载。

图书在版编目（CIP）数据

电气自动控制系统/葛华江主编. —北京：机械工业出版社，2015.9
（2025.2 重印）
"十二五"职业教育国家规划教材
ISBN 978-7-111-50613-3

Ⅰ.①电… Ⅱ.①葛… Ⅲ.①电气控制-自动控制系统-中等专业学校-教材 Ⅳ.①TM571.2②TP273

中国版本图书馆 CIP 数据核字（2015）第 136831 号

机械工业出版社（北京市百万庄大街 22 号　邮政编码 100037）
策划编辑：赵红梅　责任编辑：赵红梅　责任校对：郑　婕
封面设计：张　静　责任印制：张　博
北京建宏印刷有限公司印刷
2025 年 2 月第 1 版第 9 次印刷
184mm×260mm · 5.5 印张 · 129 千字
标准书号：ISBN 978-7-111-50613-3
定价：18.00 元

电话服务　　　　　　　　网络服务
客服电话：010-88361066　机 工 官 网：www.cmpbook.com
　　　　　010-88379833　机 工 官 博：weibo.com/cmp1952
　　　　　010-68326294　金 书 网：www.golden-book.com
封底无防伪标均为盗版　机工教育服务网：www.cmpedu.com

前 言

本书是根据教育部《关于中等职业教育专业技能课教材选题立项的函》（教职成司〔2012〕95号），由全国机械职业教育教学指导委员会和机械工业出版社联合组织编写的"十二五"职业教育国家规划教材，是根据教育部于2014年公布的《中等职业学校电气运行与控制专业教学标准》，同时参考电工职业资格标准编写的。

本书重点强调培养学生应用专业知识的能力，编写过程中力求体现以下特色。

1. 执行新标准

本书依据最新教学标准和课程大纲要求，对接行业，推进教材岗位化，为践行教学过程和生产过程对接、学历证书和执业证书对接，为学生就业奠基，并纳入行业认证、职业资格鉴定等内容，使学历教学与就业需要有机结合。校企共同开发企业岗位群所需要的专业能力体系标准和考核标准，把企业岗位群所需要的能力，对接到学校的课程中，使校企真正双向互通。

2. 体现新模式

本书采用理实一体化的编写模式，突出"做中教，做中学"的职业教育特色。学习任务改为实际"项目""任务"等，每个"项目""任务"中涵盖技能点、路径、知识点，体现课程内容与职业资格标准、教学过程与生产过程对接，体现地方、行业、职业特色，符合中职学生的认知和技能学习规律。

3. 突出教学评价体系的构建

对专业能力有重点地进行训练与检测，突出构建职业能力培养与职业素养培养的评价体系，有机融入人力资源和社会保障部职业技能鉴定中心的职业核心能力评价体系，关注学生的自学能力培养。

本书在内容处理上主要有以下几点说明：内容主要强调对自动控制技术理论基础的学习。通过操作，让学生真正懂得自动控制理论在生产实际中的应用。本书建议学时为64，学时分配建议见下表：

序号	项目内容	建议学时	序号	项目内容	建议学时
项目一	自动控制系统	8	项目三	三相异步电动机变频调速系统	18
项目二	直流调速系统	20	项目四	伺服系统	18
				合 计	64

本书由上海信息技术学校葛华江主编。参与编写人员及具体分工如下：上海信息技术学校葛华江编写项目一、项目三，广西石化高级技工学校李军编写项目二，上海信息技术学校邵红硕编写项目四。本书经全国职业教育教材审定委员会审定，评审专家对本书提出了宝贵的建议，在此对他们表示衷心的感谢！编写过程中，编者参阅了国内出版的相关资料，在此一并表示衷心感谢！

由于编者水平有限，书中不妥之处在所难免，恳请读者批评指正。

编 者

目　录

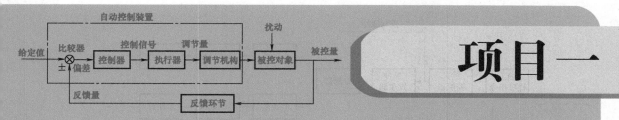

项目一

自动控制系统

【任务描述】

人工手动控制是自动控制的前提和保证，自动控制在投入运行前必须通过人工手动控制，使被控变量稳定在设定值附近。自动控制是由仪表来代替人的工作，由仪表模仿人的工作过程。本任务通过人工和自动控制的比较，使学生了解自动控制系统的工作过程。

【能力目标】

1）了解自动控制系统的组成及各组成部分的作用。
2）了解自动控制系统的工作过程。
3）学会手动控制贮槽液位。

【材料及工具】

贮槽液位控制系统。

【知识链接】

为了实现各种控制任务，将被控对象和控制装置按照一定方式连接，对被控对象的一个或多个物理量（如转速、位移、温度、电流、电压等）进行自动控制的整个系统称为自动控制系统。

一、按自动控制系统的结构特点分类

1. 开环控制系统

开环控制系统是一种最简单的控制方式，其特点是在控制器与被控制对象之间只有正向作用而没有反馈作用。若系统的输出量不被反馈回来对系统的控制部分产生影响，这样的系统称为开环控制系统。

由步进电动机驱动的数控加工机床，是一个典型的开环控制系统。数控加工机床开环控制示意图如图 1-1 所示。

从图中可以看出，控制系统只有从输入端到输出端信号作用路径，而没有从输出端到输

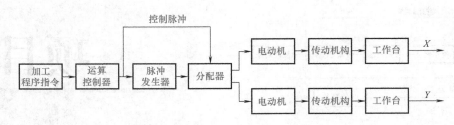

图 1-1 数控加工机床开环控制示意图

入端的信号路径。当由于负载转矩变化引起电动机转速偏离原来校准的数值时，系统没有修正偏转的能力。

如今采用微机控制，采用专用步进驱动模块驱动的伺服系统，可达到 10000 步/r 的高分辨率；因此，对于小功率伺服系统，采用开环控制也可以达到很高的控制精度。

由于开环系统无反馈环节，所以一般结构简单，系统稳定性较好，成本较低，这是开环系统的优点。因此，在输出量和输入量之间的关系固定，且内部参数或外部负载等扰动因素不大，或这些扰动因素产生的误差可以进行预计并能进行补偿，则应尽量采用开环控制系统。

开环控制的缺点是当控制过程受到各种扰动因素影响时，将会直接影响输出量，而系统不能自动进行补偿。特别是当无法预计的扰动因素使输出量产生的偏差超过允许的限度时，开环控制系统便无法满足技术要求，这时就应考虑采用闭环控制系统。

2. 闭环控制系统

若系统输出量通过反馈环节返回作用于控制部分，形成闭合环路，这样的系统称为闭环控制系统，又称为反馈控制系统。反馈就是把系统的输出信号送回到系统的输入端并加到输入信号中。

贮槽液位控制系统的原理结构图如图 1-2 所示，图中 Q_1 为进入贮槽的液体流量，Q_2 为流出贮槽的液体流量。控制的目的是使贮槽的液位 H 以一定的精度稳定于某一高度 H_0。当外部负载改变，即 Q_2 改变时，$Q_1 \neq Q_2$，液位将上升或下降。图中的液位变送器将自动地检测液位的变化，并把液位高低的变化变换成与之成比例的统一信号，此信号称为测量信号。将测量信号送入控制器，并与控制器中的液位给定值进行比较，得出两者的差，称之为偏差信号。控制器根据偏差信号的大小，按某种运算规律计算出控制器应输出的控制信号。控制信号送到执行器，执行器去调整调节阀的开度，使 Q_1 发生变化，从而保持液位在所希望的

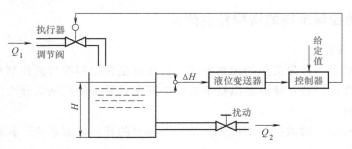

图 1-2 贮槽液位控制系统的原理结构图

数值 H_0 上，实现贮槽液位的自动控制。

　　从上面介绍的贮槽液位的自动控制系统中可以看出，它包括被控对象、变送器、控制器、执行器和调节阀五个环节，它的组成框图如图1-3所示。当被控对象贮槽受到扰动影响时，被控量液位就会发生变化，测量元件、变送器将被变化的值与给定值进行比较，从而产生偏差。偏差值（或称偏差信号）送入控制器并按一定控制规律运算后输出控制信号，该信号再经执行器控制调节阀，改变调节阀的开度，使被控量恢复到原有数值 H_0。

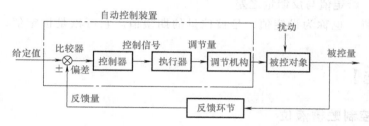

图 1-3　自动控制系统的组成框图

　　闭环控制要增加检测、反馈比较、调节器等部件，则会使系统复杂、成本提高，而且闭环控制会带来副作用，使系统的稳定性变差，甚至造成不稳定。这是采用闭环控制时必须重视并要加以解决的问题。

二、自动控制系统的组成

　　一个控制系统由若干个环节组成，每个环节有其特定的功能。在讨论一个自动控制系统时，若将系统中所有环节的内部结构都画出来，会十分麻烦。为了便于分析并能清楚地表示系统各组成环节间的相互影响和信号传递关系，一般习惯于把自动控制系统用框图来表示。在框图中，系统的每一个组成部分（或称为环节）用一个方框来代表，环节间用带箭头的作用线连接起来，表示环节之间的信号传递关系，箭头的方向代表作用方向。一个环节所接受的作用称为该环节的输入量，而输入量在该环节中引起的变化称为该环节的输出量。

　　图1-3是一般自动控制系统的组成框图。图中的每个方框是一个环节，每个环节都有输入端和输出端，所有方框配合起来组成控制系统。由图1-3可以看到，框图可以直观地将系统的组成、各环节间的相互关系以及各种作用量的传递情况简单明了地概括出来。

　　图中⊗表示比较元件，它将检测反馈元件检测到的被控量的反馈量与给定量进行比较，"－"表示给定量与反馈量极性相反，即负反馈，"＋"表示给定量与反馈量极性相同，即正反馈。信号从输入端沿箭头方向到达输出端的传输通道称为前向通道，系统输出量经检测元件反馈到输入端的传输通道称为反馈通道。

　　各环节的作用及有关术语含义如下：

　　（1）反馈环节　对系统输出量的实际值进行测量，将它转换成反馈信号，并使反馈信号成为与给定信号同类型、同数量级的物理量。

　　（2）比较器　将给定信号和反馈信号进行比较，产生偏差信号。

　　（3）控制器　根据输入的偏差信号，按一定的控制规律产生相应的控制信号。

（4）执行器　将控制信号进行功率放大，并带动执行机构工作。

（5）调节机构　直接改变控制系统的输入量，使被控量恢复到给定值。

（6）被控对象　控制系统所要控制的设备或生产过程，它的输出量就是被控量。

（7）被控量　对象的某个变量。控制系统的目的通常是要使该变量与设定值或给定值相符。控制系统也用该变量的名称来称呼，如温度控制系统、压力控制系统等。

（8）调节量　对被控装置的被控量具有较强的直接影响且便于调节的变量。

（9）干扰　对象中除了调节量以外，能对被控变量具有影响作用的所有变量。

（10）偏差　给定值与反馈量之差。

（11）给定值　也称为设定值，是被控量的期望值。它可以是恒定值，也可以按程序变化。

【任务实施】

一、手动控制贮槽液位

1）按照图 1-4 所示的贮槽液位控制系统，手动调节进出水阀门，控制液位在 50%处。根据操作回答下列问题：

① 完成该操作必须用到哪三个器官？

② 手、大脑、眼睛各完成哪些功能？

2）操作要求：为了保证贮槽液位稳定在规定数值位置，操作人员必须按照液位指示仪表反映的实际液位与规定值的偏差大小来改变进出水阀门的开度，从而使液位符合规定的数值。

安装在贮槽上的液位指示仪表时刻反映着水槽中的液位，操作人员不断地用眼睛去观察，并由大脑根据观察到的液位与规定的

图 1-4　贮槽液位控制系统

液位进行比较，得出偏差，再根据偏差的大小和变化的趋势，经过判断、思考，凭经验做出将阀门开度调整的决定，然后发出指令，用手改变阀门的开度。上述过程不断重复，直至液位符合规定数值为止。

如图 1-4 所示，阀门安装在进水管道和出水管道上，因此，当液位偏高时，应调节进水阀门的开度，当液位偏低时，应调节出水阀门，但究竟开大或关小多少，需要有一定的经验。完成该操作时眼睛必须盯着液位刻度，假如进水量大了，液位超过设定值了，大脑就会告诉手，把水槽出口的阀门开大一点，调节出水的量，经过反复调节，使液位保持在 50%左右。要控制好液位，操作人员的工作量巨大，趋于平衡的时间也因人而异。因此，人工控制的缺点非常明显。

二、贮槽液位自动控制系统

1）认真观察所配的贮槽液位自动控制系统（见图 1-5），找出贮槽液位自动控制系统的各组成元件，熟悉各组成元件的名称及作用。

2）用触摸屏设置参数。根据所给数据设置参数，按下起动按钮，仔细观察液位变化情况。

【任务评价】

1. 学生自评和小组评价

小组通过各种形式将整个任务完成情况的工作总结进行展示，以组为单位进行评价，见表1-1。课余时间由本人完成"学生自评"，由教师完成"教师评价"内容。

图1-5 贮槽液位自动控制系统

表1-1 评分表

序号	主要内容	考核要求	评分标准	配分	扣分	得分
1	自动控制系统的认识	能指出各组成元件的名称	1. 接线按照不规范，每处扣5~10分 2. 接线错误，扣20分	30		
2	手动控制工艺要求	会手动控制操作	1. 参数设置不全，每处扣5分 2. 参数设置错误，每处扣5分	30		
3	参数输入	能根据任务要求正确设置控制器的相关参数	1. 参数输入错误，扣10分 2. 参数调试失败，扣20分	20		
4	安全文明生产	操作安全规范、环境整洁	违反安全文明生产规程，扣5~10分	20		

2. 教师点评（教师根据各组的展示情况进行评价）

1）找出各组的优点进行点评。

2）对整个任务完成过程中各组的缺点进行点评，并提出改进方法。

3）总结整个活动完成过程中出现的亮点和不足。

【思考与练习】

1）对照图1-1与图1-2，归纳出自动控制系统由哪些环节组成？

2）图1-4中，哪个是控制对象？被控量是什么？

3）图1-4中，测量被控量的元件有哪些？有哪些反馈环节？

任务二 控制器与控制规律的认识

【任务描述】

通过对自动控制系统的操作，设定液位定值控制，了解系统设置控制器的目的。通过对实验参数的设置，观察实验现象，了解四种调节器的控制作用。

【能力目标】

1）了解液位定值控制系统的结构与组成。

2）了解自动控制系统调节器参数的整定和投运方法。

3）了解 P、PI、PD 和 PID 四种调节器分别对液位控制的作用。

【材料及工具】

自动控制系统装置。

【知识链接】

一、自动控制系统的性能指标

自动控制系统的性能通常是指系统的稳定性和动态性能。

1. 系统的稳定性

（1）稳定系统　当扰动作用（或给定值发生变化）时，输出量将会偏离原来的稳定值，这时，由于反馈环节的作用，通过系统内部的自动调节，系统可能回到（或接近）原来的稳定值（或跟随给定值）稳定下来，如图 1-6a 所示。

（2）不稳定系统　由于内部的相互作用，使系统出现发散而处于不稳定状态，如图 1-6b 所示。

不稳定的系统是无法进行工作的。因此，对任何自动控制系统，首要的条件便是系统能稳定正常运行。

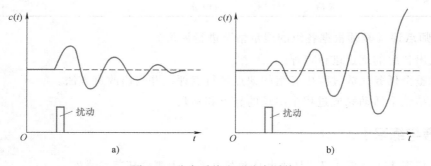

图 1-6　稳定系统和不稳定系统

a）稳定系统　b）不稳定系统

2. 系统的动态性能指标

系统从一个稳态过渡到新的稳态需要经历一段时间，亦即需要经历一个过渡过程。表征这个过渡过程性能的指标叫做动态指标。现在以系统对突加给定信号（阶跃信号）的动态响应来介绍动态指标。动态指标通常用最大超调量（σ）、调整时间（t_s）和振荡次数（N）来衡量。

（1）最大超调量（σ）　最大超调量是指输出量 $c(t)$ 与稳态值 $c(\infty)$ 的最大偏差 Δc_{max} 与稳态值 $c(\infty)$ 之比，即

$$\sigma = \frac{\Delta c_{max}}{c(\infty)} \times 100\%$$

最大超调量反映了系统的动态精度，最大超调量越小，则说明系统过渡过程进行得越

平稳。

（2）调整时间（t_s） 调整时间（t_s）是指系统输出量进入并一直保持在离稳态值的允许误差带内所需要的时间。调整时间反映了系统的快速性。调整时间越小，系统快速性越好。

（3）振荡次数（N） 振荡次数是指在调整时间内，输出量在稳态值上下摆动的次数。

上述指标中，最大超调量和振荡次数反映了系统的稳定性能。调整时间反映了系统的快速性。稳态误差反映了系统的准确度。一般来说，总是希望最大超调量小一点，振荡次数少一点，调整时间短一些，稳态误差小一点。总之，希望系统能达到稳、快、准。

但这些指标的要求在同一个系统中往往是相互矛盾的。这就需要根据具体对象所提出的要求，对其中的某些指标有所侧重，同时又要注意统筹兼顾。

二、控制规律的选择

目前，工业自动化水平已成为衡量各行各业现代化水平的一个重要标志。同时，控制理论的发展也经历了古典控制理论、现代控制理论和智能控制理论三个阶段。一个控制系统包括控制器、传感器、变送器、执行机构和输入/输出接口。控制器的输出量经过输出接口、执行机构，加到被控系统上；控制系统的被控量经过传感器、变送器，通过输入接口送到控制器中。

在控制系统中，对象的特性是固定的且不易改变的；测量元件及变送器的特性比较简单，一般是不可以改变的；主要可以改变参数的就是控制器。系统可以通过控制器参数的变化改变整个控制系统的特性，从而达到控制的目的。

控制器有很多种控制规律，比较常见的有比例控制、比例积分控制、比例微分控制和比例积分微分控制。具有这四种控制规律的控制器亦称为调节器，分别称为比例（P）调节器、比例积分（PI）调节器、比例微分（PD）调节器和比例积分微分（PID）调节器。

1. 比例（P）调节器

比例调节器是一种最简单的调节器，它对控制作用和扰动作用的响应都很快。由于比例调节只有一个参数，所以整定很方便。这种调节器的主要缺点是系统有静差存在。其传递函数为

$$G_C(s) = K_P = \frac{1}{\delta}$$

式中，K_P 为比例系数，δ 为比例带。

比例控制是最简单的一种控制，它的特点是控制作用比较及时，过渡时间较短，抗干扰能力较强；缺点是控制过渡过程存在偏差。因此，比例控制适用于一些允许有偏差存在的且不太重要的场合。

2. 比例积分（PI）调节器

PI 调节器利用 P 调节快速抵消干扰的影响，同时利用 I 调节消除残差，但 I 调节会降低系统的稳定性，这种调节器在过程控制中是应用最多的一种调节器。其传递函数为

$$G_C(s) = K_P\left(1 + \frac{1}{T_1 s}\right) = \frac{1}{\delta}\left(1 + \frac{1}{T_1 s}\right)$$

式中，T_1 为积分时间。

比例积分控制比比例控制多了积分项。由于这个积分项的存在，只要偏差不为零，控制器的输出就不断地增加或减小，直至偏差为零。所以，加上积分作用以后，虽然系统的稳定性有所下降，但精确性提高了。

3. 比例微分（PD）调节器

PD 调节器由于有微分的超前作用，所以能增加系统的稳定度，加快系统的调节过程，减小动态误差，但微分抗干扰能力较差，且微分过大，易导致调节阀动作向两端饱和。因此，一般不用于流量和液位控制系统。其传递函数为

$$G_C(s) = K_P \left(1 + \frac{1}{T_D s}\right) = \frac{1}{\delta}\left(1 + \frac{1}{T_D s}\right)$$

式中，T_D 为微分时间。

4. 比例积分微分（PID）调节器

PID 调节器是常规调节器中性能最好的一种调节器。由于它具有各类调节器的优点，因而使系统具有更高的控制质量。其传递函数为

$$G_C(s) = K_P \left(1 + \frac{1}{T_I s} + T_D s\right) = \frac{1}{\delta}\left(1 + \frac{1}{T_I s} + T_D s\right)$$

比例积分微分控制综合了三种基本控制规律的优点，适当调整 K_P、T_I 和 T_D，可以获得相当好的控制系统过渡过程及很高的控制精度。它适用于容量滞后较大、负荷变化较大且控制精度要求较高的场合。

调节器参数的整定一般有两种方法：一种是理论计算法，即根据广义对象的数学模型和性能要求，用根轨迹法或频率特性法来确定调节器的相关参数；另一种方法是工程实验法，通过对典型输入响应曲线所得到的特征量，然后查找经验表，求得调节器的相关参数。

【任务实施】

一、系统原理图

本任务中的系统结构图如图 1-7 所示。被控量为上水箱的液位高度，要求它的液位稳定在给定值。将超声波传感器检测到的上水箱液位信号作为反馈信号，在与给定量比较后的差值通过调节器控制电动调节阀的开度，以达到控制上水箱液位的目的。为了实现系统在阶跃给定和阶跃扰动作用下的无静差控制，系统的调节器应为 PI 调节器或 PID 调节器控制。

系统主要由三个水箱（一个贮水箱，两个功能水箱）、一个泵（动力

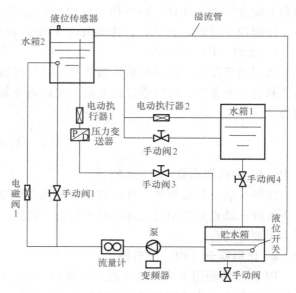

图 1-7　系统结构图

源），以及各个支路上完成不同功能的执行部件和检测元件组成。

当设备不使用时，全部的水都在贮水箱中或者全部放空；使用设备时，先往贮水箱中注

水，再由泵往两个功能水箱注水，超出水位时，水箱通过溢流管回水至贮水箱。当达到要求水位时，通过各个支路之间的配合，完成实验要求。

一个控制系统由若干个环节组成，每个环节有其特定的功能。在讨论一个自动控制系统时，若将系统中所有环节的内部结构都画出来，会十分麻烦。为了便于分析并能清楚地表示系统各组成环节间的相互影响和信号传递关系，一般习惯于把自动控制系统用框图来表示。在框图中，系统的每一个组成部分（或环节）用一个方框来代表，环节间用带箭头的作用线连接起来，表示环节之间的信号传递关系，箭头的方向代表作用方向。

二、实施步骤

本任务选择上水箱为被测对象，任务实施之前先将贮水箱中注足水量，然后将上水箱的进水阀门全打开，再将上水箱出水阀门开至适当开度（40%～70%），其余阀门均关闭。

水位控制分为两路基本控制：一路是工频（就是把变频器设定为工频定值）磁力泵加电动调节阀的控制方式；另一路是变频磁力泵加电磁阀的控制方式。当然也可以两路调节一起使用，它们的基本原理相同，我们可以参照两路基本的回路调节进行讲解。

在触摸屏的操作画面上，切换到手动控制和阀控制。这时起动工频磁力泵，在操作画面左侧的控制区域的输出项中手动设定阀门的开度，当实际的水位值达到设定值以后，投入自动控制，适当改变调节的参数（K_P 和 t_s）值，观察曲线变化的情况，查看参数改变对调节回路的影响。正常情况下，当实际水位小于设定值时，阀门会逐渐开大，直到阀门全开，水位慢慢上升至设定值，阀门会逐渐关小，直到最后，阀门全部关闭。为了模拟实际工业环境下的用水，可以打开手动阀进行排水，以达到模拟的效果。这时候随着时间的推移，水位肯定会有所下降，阀门的开度会逐渐变大，直到最后，进水量和出水量一致时，阀门的开度稳定在一个范围内。

实施步骤：

1）接通控制柜电源：先打开总电源，再逐个打开分项电源。

2）等待 CPU 运行正常，即没有红灯亮或闪烁时，查看触摸屏画面，观察当前参数。

3）将触摸屏切换到水位阀控制回路，并切换为手动模式下，在手动阀都打开后，打开电磁阀等。

4）在触摸屏界面上面的画面中单击"手动"，并将设定值和输出值设置为一个合适的值。

5）将电磁阀的阀位设置到 30% 的开度。

6）起动磁力泵，把变频器的数值设定为定值，磁力泵通电打水，适当增加、减少输出量，使上水箱的液位平衡于设定值，在控制画面的水位设定栏中输入流量设定值，例如 50mm，经过实验可知，水位设定值在 30～100mm 范围内，调节效果较好。

7）待液位稳定于给定值后，将调节器切换到"自动"控制状态，待液位平衡后，突增（或突减）设定值的大小，使其有一个正（或负）阶跃增量的变化。

8）适当改变调节的参数（K_P 和 T_I）值，查看参数改变对调节回路的影响。

正常情况下，当实际水位小于设定值时，阀门会逐渐开大，直到阀门全开，水位慢慢上升至设定值，阀门会逐渐关小，直到最后，阀门逐渐关闭。

推荐参数：$K_P = 5.0$，$T_I = 40$，在阀门开度 40% 时从手动模式切换到自动调节模式，要求扰动量为控制量的 5% ~ 15%，干扰过大可能造成系统不稳定。加入干扰后，水箱的液位便离开原平衡状态，经过一段调节时间后，水箱液位稳定至新的设定值。观察触摸屏曲线画面，记录此时的设定值、输出值和参数。液位的响应过程曲线如图 1-8 所示。

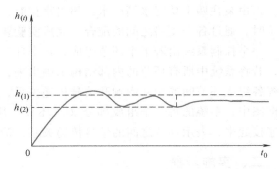

图 1-8　液位的响应过程曲线

9）分别适量改变调节器的参数 P 及 I，重复步骤 7），通过实验界面上的按钮来切换观察计算机记录的不同控制规律下系统的阶跃响应曲线。

10）分别用 P、PI、PD 和 PID 四种控制规律重复步骤 4）~ 步骤 8），通过实验界面下边的按钮来切换观察计算机记录的不同控制规律下系统的阶跃响应曲线。

11）实验完毕后，在触摸屏上依次关闭泵、电磁阀，顺序不可颠倒。

12）关闭电源：先关闭分项电源，最后关闭总电源。

三、安全注意事项

1）禁止散落长发、衣冠不整操作设备。

2）安装设备时不要损坏各种阀件。

3）勿使用损坏的插座或电缆，以免发生触电及火灾。

4）安装时请在清洁平坦的位置，以防发生意外事故。

5）使用额定电压，以防发生意外事故。

6）必须使用带有接地端子的多功能插座，确认主要插座的接地端子有没有漏电、导电。

7）防止机械的差错或故障，请勿在控制器和电磁阀附近放置磁性物品。

8）设备安装或移动时，必须切断电源。

【任务评价】

任务评价见表 1-2。

表 1-2　评分表

序号	主要内容	考核要求	评分标准	配分	扣分	得分
1	接线	能正确按照电路图正确接线	1. 接线按照不规范，每处扣 5~10 分 2. 接线错误，扣 20 分	30		
2	通电调试与绘图	能通电调试，能绘制调节特性曲线	1. 不能通电，扣 10 分 2. 特性曲线绘制错误，每处扣 5 分	30		
3	运行调试	操作调试过程正确	1. 操作过程错误，扣 10 分 2. 调试失败，扣 20 分	20		
4	安全操作	操作安全规范、环境整洁	违反安全文明生产规程，扣 5~10 分	20		

【思考与练习】

1）简述各控制单元的调试要点。

2）画出水箱液位定值控制实验的结构框图。

3）比较不同 PID 参数对系统的性能产生的影响。

4）分析 P、PI、PD、PID 四种控制规律对本任务系统的作用。

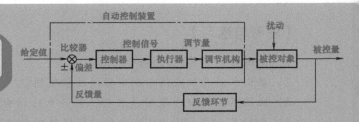

项目二

直流调速系统

【任务描述】

直流调速系统是自动控制系统中非常重要的部分，在工农业生产中得到了广泛的应用，例如在挖掘机、龙门铣床上的应用等。直流调速系统具有抗负载和抗电压波动能力强，良好的线性特性，性能可靠，成本低和高效率等优点。对于企业所需的高技能维修电工来说，学习直流调速的基本原理，为促进企业员工掌握组装和维修等知识打下良好的基础。

【能力目标】

1）理解直流调速系统的组成。
2）熟悉调节器的工作原理及使用说明。
3）熟悉开环调速系统装置的调试步骤。
4）能规范填写相关的工作记录和表格。

【材料及工具】

DSC-32 型直流调速系统装置、直流电动机组、电气控制柜、灯泡装置、示波器及探头、电工工具（1 套）、万用表（1 个）、钳形电流表、绝缘电阻表、连接导线若干等。

【知识链接】

一、晶闸管整流器概述

1. 晶闸管-电动机调速系统的结构

晶闸管是一种大功率半导体整流器件。由于它是一种可控型控制元件，所以俗称可控硅整流元件，简称"可控硅"，电路图中常用符号 VT 来表示。如今采用晶闸管整流技术调节直流电动机系统，这种调速系统叫做晶闸管-电动机调速系统（简称 V-M 系统）。V-M 系统的结构如图 2-1 所示，其中 VT 表示晶闸管整流器，GT 是晶闸管触发器，RP 是给定可调电阻，通过给定电压供给触发器，触发器发出脉冲触发晶闸管的门极，从而调节直流电动机 M

的转速。在整个调节回路中串联了一个电抗器，用来保护直流电动机。

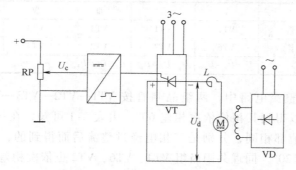

图 2-1　晶闸管-电动机调速系统（V-M 系统）的结构

如图 2-1 所示，在理想的情况下，U_c 和 U_d 之间呈线性关系，即

$$U_d = K_s U_c$$

式中　U_d——整流器的输出电压；

$\quad\quad K_s$——晶闸管整流器的放大系数；

$\quad\quad U_c$——触发装置的控制电压。

晶闸管-电动机调速系统也可以等效成图 2-2 所示的等效电路来分析。

图 2-2 中，电阻 R 为电路的总电阻，L 为电路的总电感，直流电动机 M 在工作时产生的反电动势用 E 表示，流经电路的电流为 I_d，晶闸管整流输出的可调电压为 U_{d0}'。当系统工作处于某一瞬间，存在的瞬间电压为

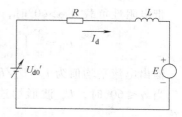

$$U_{d0}' = I_d R + L \frac{di}{dt} + E$$

图 2-2　晶闸管-电动机调速系统等效电路

在整个 V-M 系统中，晶闸管整流电压可以用理想瞬时值 U_{d0}' 表示。

2. 晶闸管-电动机调速系统三相桥式全控整流电路触发脉冲相位控制

在三相桥式全控整流电路中，一共具有六个晶闸管，分别是由一组共阴极和一组共阳极晶闸管共同组成的，控制角是 α。共阴极组 3 个晶闸管（VT1、VT3、VT5）的阴极连接在一起，共阳极组 3 个晶闸管（VT4、VT6、VT2）的阳极连接在一起。三相桥式全控整流电路原理图如图 2-3 所示。目前，三相桥式全控整流电路在受控整流电路中得到了非常广泛的应用。

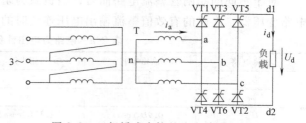

图 2-3　三相桥式全控整流电路原理图

三相桥式全控整流电路晶闸管导通情况见表 2-1。

在三相桥式全控整流电路工作的任意时刻只有两个晶闸管同时导通才能形成供电回路，其中共阴极组和共阳极组各 1 个。

表 2-1　三相桥式全控整流电路晶闸管导通情况

时段	I	II	III	IV	V	VI
共阴极组中导通的晶闸管	VT1	VT1	VT3	VT3	VT5	VT5
共阳极组中导通的晶闸管	VT6	VT2	VT2	VT4	VT4	VT6
整流输出电压 U_d	$U_a - U_b = U_{ab}$	$U_a - U_c = U_{ac}$	$U_b - U_c = U_{bc}$	$U_b - U_a = U_{ba}$	$U_c - U_a = U_{ca}$	$U_c - U_b = U_{cb}$

在三相桥式全控整流电路中，两组晶闸管按 VT1—VT2—VT3—VT4—VT5—VT6 的顺序，最终在输出端可以得到其相位依次相差 60°。由表 2-1 可知，在一个周期内，总共有 6 个脉冲，每个脉冲幅值都相同，分别是三相电经过整流后而得到的，共阴极组 VT1、VT3、VT5 的脉冲依次相差 120°，同理共阳极组 VT4、VT6、VT2 也依次相差 120°。同一相的上下两个桥臂，即 VT1 与 VT4、VT3 与 VT6、VT5 与 VT2，脉冲相差 180°。

三相桥式全控整流电路中晶闸管承受的电压波形与三相半波整流电路中晶闸管承受的电压波形相同，晶闸管承受最大正、反向电压的关系也相同。

当整流输出电压连续时（即带阻感性负载时，或带电阻性负载 $\alpha \leqslant 60°$ 时）的平均值为

$$U_d = \frac{1}{\frac{\pi}{3}} \int_{\frac{\pi}{3}+\alpha}^{\frac{2\pi}{3}+\alpha} \sqrt{6}\, U_2 \sin\omega t\, d(\omega t) = 2.34 U_2 \cos\alpha$$

带电阻性负载且 $\alpha > 60°$ 时，整流电压平均值为

$$U_d = \frac{3}{\pi} \int_{\frac{\pi}{3}+\alpha}^{\pi} \sqrt{6}\, U_2 \sin\omega t\, d(\omega t) = 2.34 U_2 \left[1 + \cos\left(\frac{\pi}{3} + \alpha\right) \right]$$

输出电流平均值为 $I_d = U_d / R$。

当 $\alpha \leqslant 60°$ 时，U_d 波形均连续，对于电阻性负载，I_d 波形与 U_d 波形的形状一样，且连续。

当 $\alpha > 60°$ 时，U_d 波形每 60° 中有一段为零，U_d 波形不能出现负值。带电阻性负载时，三相桥式全控整流电路中 α 的移相范围为 120°；带阻感性负载时，α 的移相范围为 90°。

通过控制触发脉冲的相位来控制直流输出电压大小的方式，简称相控方式。例如：在可控整流电路中，调节触发信号触发延迟角 α，则可控制输出电压 U_d 的大小。对应的还有斩波控制、SPWM 控制。

对于不同的晶闸管整流电路而言，当负载为阻感性电路时其整流电路输出最大值、整流电路变压器二次侧的有效值整流输出电压连续时的平均值见表 2-2。

表 2-2　电路为电阻性负载时的数值

整流电路	单相半波	三相半波	三相全波	六相半波
U_m	$\sqrt{2}\, U_2$	$\sqrt{2}\, U_2$	$\sqrt{6}\, U_2$	$\sqrt{2}\, U_2$
m	2	3	6	6
U_{d0}	$0.9 U_2 \cos\alpha$	$1.17 U_2 \cos\alpha$	$2.34 U_2 \cos\alpha$	$1.35 U_2 \cos\alpha$

注：U_m 为整流电路输出电压的最大值，U_2 为整流电路变压器二次电压的有效值。
m 为晶闸管数，U_{d0} 为整流输出电压连续时的平均值。

3. 直流开环调速系统概述

直流调速系统中将无反馈控制的调速系统叫做开环控制调速系统，即输出对输入无影响，直流开环调速系统原理图如图 2-4 所示。

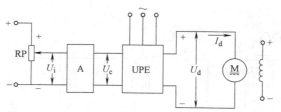

图 2-4 直流开环调速系统原理图

图 2-4 中，U_i 是输入电压，经过比例放大器 A 将输入电压放大，得到触发电压 U_c，触发电压 U_c 直接触发 UPE（可控直流电源），得到输出电压 U_d。从 U_i 到输出电压 U_d 的整个过程中，系统输出电压并无直接的反馈到输入，所以称为开环调速控制。

系统工作的任意时刻，开环系统各个环节存在以下的关系，即

$$U_c = K_P U_i$$

对于直流电动机，有

$$n = \frac{U_{d0} - I_d R}{C_e \phi}$$

式中　　U_i——输入电压；

　　　　U_c——输入电压放大得到触发电压；

　　　　K_P——比例放大器 A 的调节放大倍数；

　　　　n——电动机转速；

　　　　C_e——电动机反电势系数；

　　　　U_{d0}——电动机电枢电压；

　　　　I_d——电动机电枢电流；

　　　　R——整流输出端的总电阻；

　　　　ϕ——电动机的励磁磁通。

4. 晶闸管触发电路

能产生脉冲信号的电路大体上可以分为两大类，即利用集成电路制成的集成触发电路和利用分立元件组建成的触发电路。两者各有特色，利用集成电路所制成的触发电路比利用分立元件组建的触发电路稳定，抗干扰能力强，但是价格贵；使用分立元件组建的触发电路易受到外界温度、湿度的影响，所以稳定性较低，但是价格较低。

触发脉冲按照信号源可以分为正弦波、矩形波（方波）和脉冲波。由于方波在触发晶闸管时容易产生较大的功耗，所以控制不当可能烧坏晶闸管的门极；正弦波触发脉冲由于其弧度导致控制起来容易形成误动作，稳定性较差，因此对于晶闸管电路而言，使用晶闸管脉冲触发较为理想。

晶闸管可控整流电路是通过控制触发脉冲来控制输出电压的大小。在相控电路中，很重要的一点是保证触发延迟角 α 的大小，在外界施加一定的触发脉冲之后，晶闸管便会进行相应的工作。这种利用相控电路而使用晶闸管的场合，称为触发控制，而将与之对应的电路称为晶闸管触发电路。

单结晶体管又称为基极二极管，其有两个基极 b1、b2 和一个射极端 e。其触发电路如图 2-5 所示。

单结晶体管触发电路由单结晶体管 V5 为 BT33F，输入交流电压为正弦波，经过整流桥

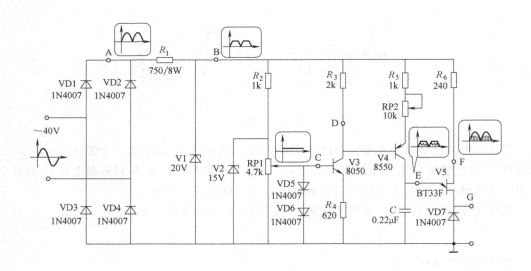

图 2-5　单结晶体管触发电路

得到 A 点的脉冲直流电，V1 为稳压二极管，将 A 点信号的顶端削平得到梯形波信号 B，电路中 VD5 和 VD6 相互串联，将 C 点的电压稳定在 1.4V 以下；如果电压高于 1.4V，则两个二极管导通，将 C 点的电压直接拉低至 0V，则晶体管 V3 不会起到放大信号的作用。梯形波通过 R_5、RP2 及等效可变电阻向电容 C 充电，当所充电压达到 BT33F 的峰值电压时会使单结晶体管 V5 导通，但由于电容 C 的容值很小，所以时间常数 τ 很小，在短时间内放电结束，使 V5 重新关断，C 再次充电，周而复始，在电容两端呈现锯齿波形。

时间常数 τ 是由等效电阻（R_5 和 RP2）和电容 C 的乘积共同决定的；在图 2-5 中调节 RP1 可实现脉冲的移相控制。单结晶体管触发电路各点的电压波形如图 2-6 所示。

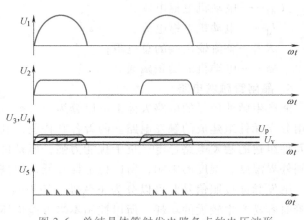

图 2-6　单结晶体管触发电路各点的电压波形

二、直流系统晶闸管整流器电动机的机械特性

1. 稳态性能指标

对于任何被控转速的设备而言，稳定运行时都需要一定的指标对其进行衡量。为了定量分析，对于直流调速系统提出两个重要的指标，分别是"调速范围"和"转差率"，它们是晶闸管整流器电动机机械特性的稳态性能指标。

（1）调速范围　调速范围是指电动机提供最高转速 n_{max} 与最低转速 n_{min} 的比值。用字母"D"表示，其表达式为

$$D = \frac{n_{max}}{n_{min}}$$

（2）静差率 静差率是指负载理想空载转速和额定转速的转速差 Δn_N 与理想空载转速 n_0 之比。用字母"s"表示，其表达式为

$$s = \frac{\Delta n_N}{n_0} = \frac{\Delta n_N}{n_{min} + \Delta n_N}$$

多数情况下也可以使用百分比的形式进行表示，即

$$s = \frac{\Delta n_N}{n_0} \times 100\%$$

由此可以得出，静差率的大小直接反映了系统转速运行的稳定度，同时表明转差率和机械特性有着密不可分的关系。静差率越大，机械特性越软，稳定性越低；反之，静差率越小，机械特性越硬，稳定性越高。

如图 2-7 所示，图中 a 和 b 表示机械特性硬度相同，用两个不同转速下的静差率 s_1 和 s_2 表示，它们的额定速降 $\Delta n_{Na} = \Delta n_{Nb}$，从图中可以看出，同等机械特性下，理想空载转速越低，静差率越小，稳定性越差。

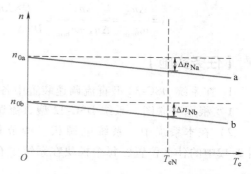

图 2-7 同等机械特性对应不同
转速下的静差率 s_1 和 s_2

2. 开环系统的稳态结构

开环系统的稳态结构如图 2-8 所示。

由开环调速系统开环时，各个环节存在的关系可以得出开环系统的机械特性为

$$n = \frac{E}{C_e} = \frac{U_{d0} - I_d R}{C_e} = \frac{K_s U_c}{C_e} - \frac{I_d R}{C_e}$$

在开环系统中，$\Delta n_N = I_N R / C_e$，由公式可知，其转速差是由电动机本身的参数决定的，因此对于开环系统而言，其机械特性如图 2-9 所示。

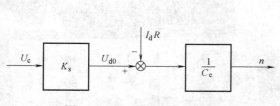

图 2-8 开环系统的稳态结构

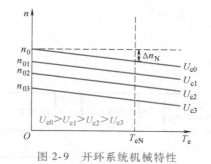

图 2-9 开环系统机械特性

例 2-1 某直流调速系统电动机的额定转速 $n_N = 1460 \text{r/min}$，额定速降 $\Delta n_N = 152 \text{r/min}$，要求调速范围为多大时，满足静差率 $\leqslant 25\%$；若调速范围为 5，则电动机的静差率是多少？

解：根据题意可知，$n_N = 1460 \mathrm{r/min}$，$\Delta n_N = 152 \mathrm{r/min}$，所以当转差率为25%时，调速范围为

$$D = \frac{n_{max}}{n_{min}} = \frac{n_N}{n_{min}} = \frac{n_N}{\dfrac{\Delta n_N (1-s)}{s}} = \frac{n_N s}{\Delta n_N (1-s)} = \frac{1460 \times 0.25}{152 \times (1-0.25)} \approx 3.20$$

因此，当转差率≤25%时，与之对应的调速范围≤3.2。

当调速范围为5时，对应的静差率为

$$s = \frac{\Delta n_N}{n_{0min}} = \frac{\Delta n_N}{\Delta n_N + n_{min}} = \frac{D \times \Delta n_N}{D \times \Delta n_N + n_N} = \frac{5 \times 152}{5 \times 152 + 1460} \times 100\% = 34.2\%$$

【任务实施】

1. 在系统 DSC-32 型直流调速装置中各模块互联图的关系如图 2-10 所示。

1）根据互联图，系统 DSC-32 型直流调速装置中各个模块调速控制关系如图 2-11 所示。

2）在本系统中，系统电源板、调节板、触发板、继电控制电路及整流电路分别在图 2-12 中的什么位置？每个模块在系统中有什么作用？请将对应的位置在图上分别标出。

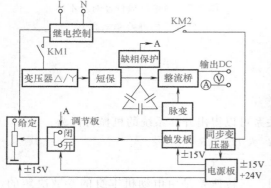

图 2-10　DSC-32 型直流调速装置模块互联图

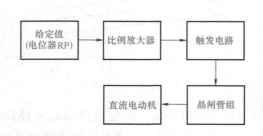

图 2-11　DSC-32 型直流开环调速模块控制关系

图 2-12　DSC-32 型直流调速系统装置

3）将系统电源模块、系统调节模块和系统触发模块连接好，采用阻感性负载（电抗器），直流调速开环系统原理图如图 2-13 所示。

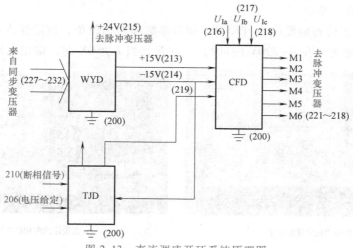

图 2-13　直流调速开环系统原理图

WYD 为系统电源模块，TJD 为系统调节模块，CFD 为系统触发模块，如图 2-14 所示。使用导线线号来表示其所接模块的端口，U_{Ia}、U_{Ib}、U_{Ic} 分别表示同步信号的电压，M1 ~ M6 表示双窄脉冲触发信号端，200 号线是地线端。

2. 实验步骤

1）检查系统中各个设备（电压给定、触发电路、整流装置、电抗器、电动机等）的安装是否正确，接触是否良好；检查设备接地和绝缘情况等是否符合一定的规范性。

2）对应图样等资料，仔细检查各个元件与元件、模块与模块之间接线端口是否正确，所有的接线编号和模块对应的位置应与图样保持一致。

3）使用示波器时，首先检查电源是否断相，如图 2-15 所示，其中图 a 为正常状态下，系统输出最大电压时，直流输出的脉冲波形，图 b 为断相时的脉冲触发波形。其次在断开直流电动机情况下，检查触发晶闸管门极的脉冲是否都有脉冲。

4）将直流开环调速系统带假负载（电阻），对应系统说明调整系统开环参数，观察随直流给定输入电压的变化，输

a) 系统电源模块(WYD)

b) 系统调节模块(TJD)

c) 系统触发模块(CFD)

图 2-14　系统模块

出电压（0~220V）是否平滑可调。具体操作方法为：

① 测试控制电源。在系统通电之后，使用万用表分别检查电源模块（WYD）和其他电路的电源是否符合要求。

② 使用示波器检查触发模块（CFD）调节参数和初相位角，使随输入可调电阻的改变，输出电压也随着变化（在0~220V内可调）。注意，当 $U_g = 0V$ 时，输出电压也为0V。

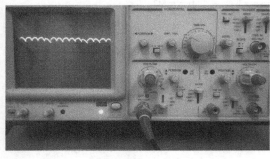

a) 直流输出正常脉冲波形   b) 直流输出断相脉冲波形

图 2-15　直流输出脉冲波形

5）带假负载正常运行之后，连接直流电动机，检查各点接线接点是否正确。注意，励磁线圈和电枢线圈两端的正负接线是否正确。

6）将给定电压调整至0V，通电调试。

7）按照实训室"6S标准"清理现场。

3. 负载电压波形随触发角 α 的变化

用示波器测量负载电压波形随触发角 α 的变化，当触发角 $\alpha = 45°$ 时，负载输出波形如何？并绘制出来，如图 2-16 所示。

4. 记录数据

调节晶闸管的触发角 α，用示波器观测负载电压波形，当触发角分别为 0°、30°、60°、90°、120°、150°和180°时，记录不同触发角相电压的有效值、直流电压的平均值和有效值，以及直流电流的平均值和有效值，并填入表 2-3 中。

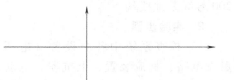

图 2-16　负载输出波形

表 2-3　触发角变化时的测量值

触发角(α) 测量值	0°	30°	60°	90°	120°	150°	180°
相电压的有效值							
直流电压平均值							
直流电流平均值							
直流电压有效值							
直流电流有效值							

5．常见故障与检修方法

该系统常见故障和检修方法主要是通过观察系统现象，利用万用表和示波器等仪表对各模块或者端子进行定向检测，故障现象、故障分析和检修方法见表 2-4。

表 2-4　故障现象、故障分析和检修方法

故障现象	故障分析	检修方法
合闸起动时，系统主电路继电电路接触器不吸合，无任何动作	主电路有断路故障，接触器线圈未得电	1．利用万用表或示波器检查电源是否断相 2．利用万用表检查起动按钮和接触器线圈是否损坏或者烧坏 3．利用万用表检查主电路是否断路
随着给定电压的增加，电动机不转动	主要考虑电动机是否加上电枢电压和励磁电压	1．检查电枢线圈和励磁线圈接线端是否接触牢固 2．通电后使用万用表检查励磁线圈输出端是否为直流 220V 3．使用示波器检查触发脉冲是否为双窄脉冲

【任务评价】

1．学生自评和小组评价

小组通过相互交流的形式，由小组代表对整个任务完成情况的工作总结进行展示，以小组为单位进行评价，见表 2-5；课余时间由本人完成"学生自评"，由教师完成"教师评价"内容。

表 2-5　评价表

序号	主要内容	考核要求	评分标准	配分	扣分	得分
1	绘图	能够正确绘制出波形图	1．绘图不规范，每处扣 5~10 分 2．绘图错误，扣 20 分	30		
2	参数设置	能根据任务要求正确设置参数	1．参数设置不全，每处扣 5 分 2．参数设置错误，每处扣 5 分	30		
3	操作调试	操作调试过程正确	1．操作错误，扣 10 分 2．调试失败，扣 20 分	20		
4	安全文明生产	操作安全规范、环境整洁	违反安全文明生产规程，扣 5~10 分	20		

2．教师点评（教师根据各组的展示情况进行评价）

1）找出各组的优点进行点评。

2）对整个任务完成过程中各组的缺点进行点评，并提出改进方法。

3）总结整个活动完成中出现的亮点和不足。

【思考与练习】

1）当负载为阻感性负载，触发角 $\alpha = 90°$ 时，输出电压波形如何？

2）如何改变控制环节可使系统运行较为稳定？

【任务描述】

单闭环直流调速系统可以实现直流电动机平滑调速，在开环调速系统上增加了一条反馈控制通道，在系统输出的过程中采集部分量回馈到输入端，对比开环控制，单闭环调速可使电动机运行变得相对稳定。单闭环调速分为有静差调速和无静差调速两种，在本任务中主要讲述有静差调速系统的组建和调试。

【能力目标】

1）理解单闭环有静差调速直流调速系统的工作原理。

2）熟悉单闭环有静差直流调速系统的组建和调试步骤。

【材料及工具】

DSC-32 型直流调速系统装置、直流电动机组、电气控制柜、测速仪、灯泡装置、示波器及探头、电工工具（1 套）、万用表（1 个）、钳形电流表、绝缘电阻表、连接导线若干等。

【知识链接】

一、转速负反馈单闭环直流调速系统的工作原理和组成

1. 工作原理

对于直流电动机，励磁恒定，晶闸管整流输出供给电枢，如图 2-17 所示为转速负反馈单闭环直流调速原理图。系统给定电压来自 RP，输入电压 U_i（+）与反馈电压 U_f（-）叠加，相减比较得到 ΔU，经过放大器将叠加较小的信号放大，放大后的电压 U_c 经触发器触发晶闸管的门极，其电压的大小可改变触发角 α，从而使输出电压得到改变，从而改变电动机的转速。

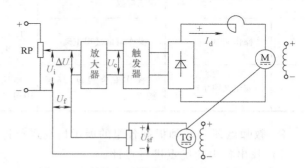

图 2-17　转速负反馈单闭环直流调速原理图

在整个系统工作的过程中，如果系统某一时刻受到外界的干扰导致电动机转速改变，进而改变了测速反馈电阻 U_{sf} 采集的数值，则此时转速的改变导致反馈电压 U_f 也发生变化，经过反馈通道和系统输入比较，重新改变 ΔU，使得触发角 α 也相应的改变，从而起到自动调节转速的作用。

2. 系统组成和控制关系

（1）电压给定环节　系统的电压给定 U_g 采用比较精准的可调电阻供给系统输入。

（2）电压比较环节 通过系统输入与反馈电压之差得到比较电压，即

$$\Delta U = U_g - U_f$$

（3）电压放大环节 对于单闭环有静差调速系统，放大环节采用比例（P）放大器，即

$$U_c = K_P \Delta U$$

式中，K_P 为放大器电压放大倍数

（4）晶闸管触发环节及整流装置 晶闸管依靠触发器发出的控制电压 U_k 对晶闸管门极触发，改变控制角，进而控制输出电压 U_d，即

$$U_d = K_s U_c$$

式中，K_s 为电压放大倍数

（5）测速发电机反馈环节 电动机 M 和测速发电机为同轴电机，转速为 n，反馈电压系数定义为 α，反馈表达式为

$$U_f = \alpha n$$

二、单闭环有静差直流调速系统的静态特性

以典型的转速负反馈的单闭环直流调速系统为例进行讲解，其原理图如图 2-18 所示。

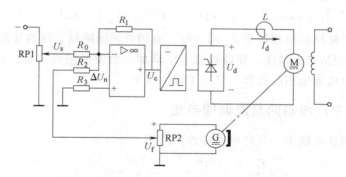

图 2-18 转速负反馈的单闭环直流调速系统原理图

1. 系统的静态特性方程

$$n = \frac{K_P K_s U_g - I_d R}{C_e(1 + K_P K_s \alpha / C_e)} = \frac{K_P K_s U_g}{C_e(1 + K)} - \frac{I_d R}{C_e(1 + K)}$$

式中，K 为系统输入到输出各个环节放大倍数的乘积，即开环放大倍数，有

$$K = \frac{K_P K_s \alpha}{C_e}$$

2. 转速负反馈稳态结构框图

根据各环节稳态关系得出系统负反馈稳态结构框图如图 2-19 所示，图中方框内的符号均表示各个环节的放大倍数，给定量 $+U_g$ 和扰动量 $-I_d R$ 为系统的两个输入，把它们各环节之间的关系称为系统静态特性。

三、单闭环有静差直流调速系统的动态特性

当电动机负载发生变化时，系统参数将会立刻做出相应的调整。在一定时间内，电动机

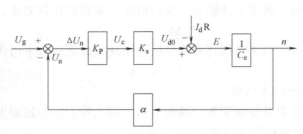

图 2-19　系统负反馈稳态结构框图

重新趋于稳定运行，使得 $T_e = T_L$，从而达到自动调节的效果。整个流程为系统负载发生变化时，电动机内部各参数发生变化，其调整过程如下：

$$T_L \uparrow \rightarrow n \downarrow \rightarrow E \downarrow \rightarrow I_d \uparrow \rightarrow T_e \uparrow$$

当生产机械的负载转矩 T_L 增大时，电动机转速降低，导致电动机电枢两端的电动势减小，回路中的电流 I_d 增大，电动机的电磁转矩 T_e 增加。单闭环有静差直流调速转速负反馈各环节的调整过程如下：

$$T_L \uparrow \rightarrow n \downarrow \rightarrow U_f \downarrow \rightarrow \Delta U \uparrow \rightarrow U_c \uparrow \rightarrow U_d \uparrow \rightarrow I_d \uparrow \rightarrow T_e \uparrow$$

同样，当生产机械的负载转矩 T_L 增大时，电动机转速降低，导致反馈环节 U_f 减小，与输入电压 U_i 叠加的结果也增加，导致触发电压增加，触发晶闸管门极，控制角增大，从而使输出电压、输出电流也相应提升，提高了输出转矩。

四、比例（P）控制的直流调速系统

在开环直流调速系统中，开环机械特性应满足

$$n = \frac{E}{C_e} = \frac{U_{d0} - I_d R}{C_e} = \frac{K_s U_c}{C_e} - \frac{I_d R}{C_e} = n_{0\,op} - \Delta n_{op}$$

式中　$n_{0\,op}$——开环理想空载转速；

Δn_{op}——开环稳定速降。

闭环时，比例控制的直流调速系统的静态特性为

$$n = \frac{K_P K_s U_g - I_d R}{C_e(1 + K_P K_s \alpha / C_e)}$$

$$= \frac{K_P K_s U_g}{C_e(1 + K)} - \frac{I_d R}{C_e(1 + K)}$$

$$= n_{0cl} - \Delta n_{cl}$$

式中　$n_{0\,cl}$——闭环理想空载转速；

Δn_{cl}——闭环稳定速降。

因此，比较开环系统的转速降和闭环系统的转速降，可以明显看出，闭环系统的转速降小于开环系统的转速降，从而验证了闭环系统的静态特性比开环系统的机械特性硬，如图 2-20 所示，

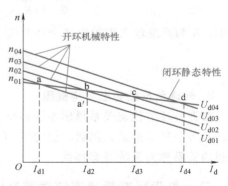

图 2-20　开环机械特性与闭环静态特性的比较关系

为开环机械特性与闭环静态特性的比较关系。

在图 2-20 中，分别设置 a、b、c、d 四个工作点，设 a 点为起始点，对应的负载电流为 I_{d1}，整流输出电压为 U_{d01}。随着负载电流的增加，开环系统对应的输出电压 U_{d01} 与闭环系统对应的输出电压 U_{d4} 相比而言，显然闭环系统的带负载能力强于开环系统的带负载能力，以此类推。

例 2-2 某单闭环直流调速负反馈系统，电动机铭牌上标有 22kW、220V、116A、1500r/min，主电路的总电阻为 0.2Ω，系统其他参数为 $D = 15$、$s \leqslant 5\%$、$\alpha = 0.002\mathrm{V} \cdot \min/\mathrm{r}$、$K_s = 25$、$C_e = 0.2\mathrm{V} \cdot \min/\mathrm{r}$，求系统的比例放大系数 K_P 应该是多少？

解： 开环系统的稳定速降为

$$\Delta n_{op} = \frac{I_d R}{C_e} = \frac{116 \times 0.2}{0.2} = 116\mathrm{r}/\min$$

为了满足 $s \leqslant 5\%$，则闭环系统的速降为

$$\Delta n_{cl} = \frac{n_N s}{D(1-s)} \leqslant \frac{1500 \times 0.05}{15 \times (1-0.05)} \approx 5.25\mathrm{r}/\min$$

又因为

$$\Delta n_{cl} = \frac{\Delta n_{op}}{1+K}$$

所以

$$K = \frac{\Delta n_{op}}{\Delta n_{cl}} - 1 = \frac{116}{5.25} - 1 \approx 21.10$$

最后得出

$$K_P = \frac{K}{K_s \alpha / C_e} \geqslant \frac{21.10}{25 \times 0.002/0.2} \approx 8.44$$

即当比例放大系数大于 8.44 时，才满足该单闭环直流调速负反馈系统的条件。

五、电流截止负反馈

1. 电流截止负反馈环节

在电路限流保护环节上，为了增加对直流电动机的保护，在电路中引入电流截止负反馈，目的就是解决单闭环调速系统启动和堵转时电流过大的问题，也就是说只有在系统启动和发生堵转的情况下，电流截止负反馈才会起作用，例如，由于机械轴被卡住造成的故障，或挖土机运行时碰到坚硬的石块等。由于单闭环系统的静特性较硬，如果机械轴被卡住，电流将远远超过允许值，如果单独依靠熔断器或者过电流继电器保护，便会跳闸。在电动机正常运行时，单闭环负反馈不起作用，所以将当电流大达到一定程度时起作用的电流负反馈叫做电流截止负反馈。

考虑到限流保护在系统启动和堵转时起作用，可采用电流截止负反馈的方法，如图 2-21 所示为电流截止负反馈环节。

图 2-21a 中用独立的直流电源作为比较电压，电流负反馈信号取自串联在电枢回路电阻，信号大小可由电路当中的电位器调节，其相当于调节截止电流；图 2-21b 中利用稳压二极管 VS 的击穿电压 U_{br} 作为比较电压，电路比较简单，但不能平滑地调节截止电流值。图 2-21c 是反馈环节与运放的连接电路。

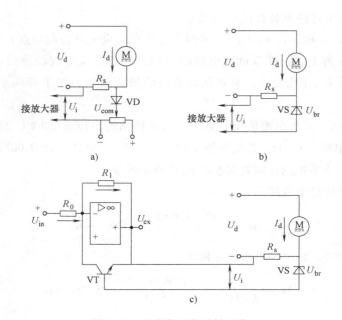

a) 利用独立直流电源作比较电压 b) 利用稳压二极管产生
比较电压 c) 封锁运算放大器的电流截止负反馈环节

图 2-21 电流截止负反馈环节

2. 带电流截止负反馈比例控制单闭环调速系统的静态特性

通过对电流负反馈和转速负反馈的分析可知，当电流大到一定程度时才接入电流负反馈以限制电流控制转速。电流截止负反馈比例控制单闭环调速系统的静态特性如图2-22所示。

图中a段表示电流负反馈截止，也就是单闭环系统的静态特性，此段也是单闭环系统在无负反馈的情况下的正常工作，当负载电流大于I_B，系统负反馈便会起作用；b段斜率较大，明显下垂，相当于在主电路中串入一个大电阻。两段式静特性常称为下垂特性或挖土机特性（当挖土机遇到坚硬的石块而过载时，电动机停止，电动机的堵转电流也就是起动电流）。

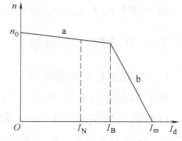

图 2-22 电流截止负反馈比例控制
单闭环调速系统的静态特性

【任务实施】

1. 按照原理模块图连接实验模块

DSC-32型直流调速装置中，根据各模块互联图的关系，按照原理模块图将各实验模块连接好，采用阻感性负载（电抗器），单闭环有静差直流调速系统互联图如图 2-23 所示。

在图2-23中，WYD为系统电源模块，TJD为调节模块，CFD为触发模块，使用每一根导线线号来表示其所接模块的端口，U_{Ia}、U_{Ib}和U_{Ic}表示同步信号的电压，M1～M6表示双窄脉冲触发信号端，41、42和43三个端子为电流反馈端，200号线是地线端。

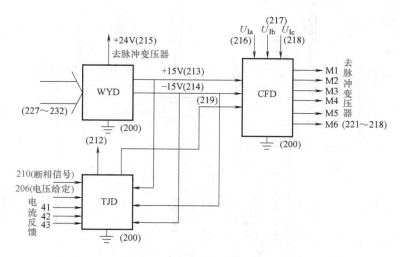

图 2-23　单闭环有静差直流调速系统互联图

单闭环有静差直流调速系统调节板电路和断相保护电路如图 2-24 所示。

2. 实验步骤

1）检查系统中主电路和控制电路以及各个设备（电压给定、触发电路、整流装置、电抗器、电动机等）的安装是否正确，接触是否良好，焊点是否牢固，检查设备接地和绝缘情况等是否符合一定的规范性。

2）仔细检查各个元件与元件、模块与模块之间接线端口是否正确，所有的接线编号和模块对应的位置应与图样保持一致。

3）在通电的情况下，检查继电控制电路，使用示波器和万用表检查电源相序、变压器两侧电压是否正常，测试励磁整流部分输出电压情况。

4）在检查主电路和继电控制电路等组成正常的情况下，当断开直流电动机时，检查触发晶闸管门极的脉冲是否有脉冲。

5）开环调试（带"假负载"——电阻）。

① 测试控制电源。在系统通电之后，使用万用表分别检查电源模块（WYD）和其他电路的电源是否正确。

② 使用示波器检查触发模块（CFD）。调节参数和初相位角，使得随输入可调电阻的改变，输出电压也随着变化（在 0～300V 内可调），注意当 $U_g = 0V$ 时，输出电压也为 0V。

③ 调节模块（TJD）测试。将调节模块内转接头调至开环状态，调节转速反馈环中限幅电位器，使得 U_g 从 0V 增加至最大值时，输出电压 U_d 也从 0V 增加至 220V。

④ 带假负载正常运行之后，断开电源，连接直流电动机、直流发电机组，检查各点接线是否正确，注意励磁线圈和电枢线圈两端的正负接线是否正确。

⑤ 断电的情况下，重新检查确认各个模块是否在正确的位置，检查各个接线是否牢固，将调节模块内转接板 K（开环短接端）置于 B（闭环短接端）位置，如图 2-25 所示。

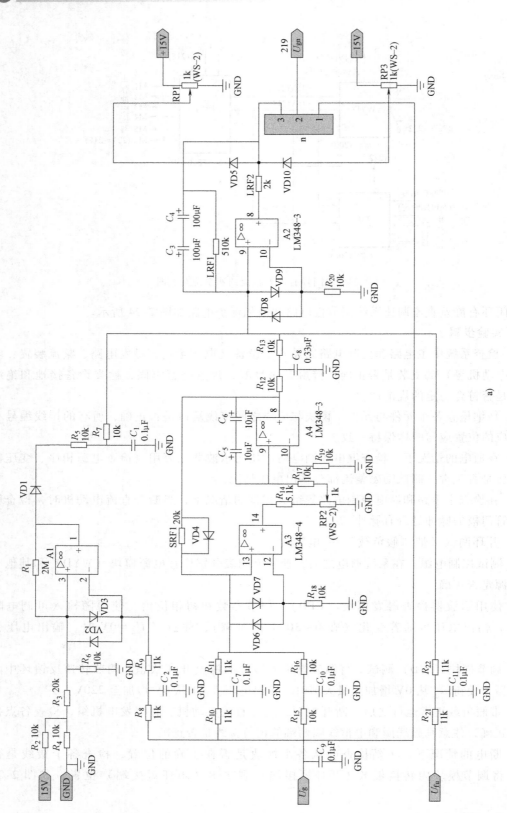

图 2-24 单闭环有静差直流调速系统调节电路板电路和断相保护电路
a)

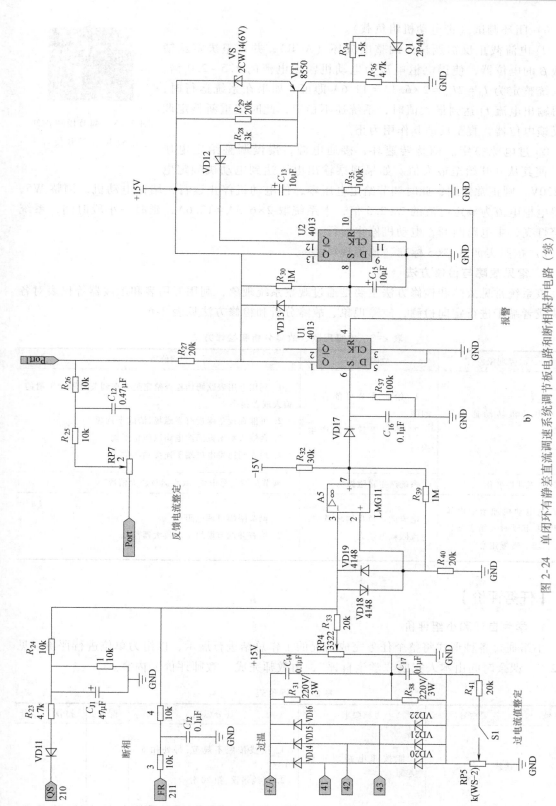

图 2-24 单闭环有静差直流调速系统调节板电路和断相保护电路（续）
a）调节板电路 b）断相保护电路

6）闭环调试（带电动机组负载）。

① 电流截止反馈调试。调整电流环（ACR），并调整决定反馈系数 β 的电位器，使得电枢电流为电动机额定电流的 1.5~2.0 倍，本系统整定为 $I_d = 2I_{ed} = 2 \times 6.3A = 12.6A$ 即可。如果在系统运行时，使得输出电流 I_d 达到最大值时，系统还不稳定，此时应重新整定调节反馈电位器，直至反馈其作用为止。

图 2-25　调节模块内转接板 K 置于 B 位置

② 过电流整定。调整转速环，接通电源，慢慢调整给定电压 U_g，使其从 0 开始至最大值。如果观察输出电压达到电动机额定电压 220V，则正常使用；此时调节给定电压零，使电动机停止运行，堵住电动机，调整 W5，使得电枢电流为额定电流的 2~2.5 倍，本系统取 $2 \times 6.3A = 12.6A$，延时一小段时间，系统报警灯亮，主电路断开，电动机停止运行。

7）按照实训室"6S 标准"清理现场。

3. 常见故障与检修方法

该系统常见故障和检修方法主要是通过观察系统现象，利用万用表和示波器等仪表对各模块或者端子进行定向检测，故障现象、故障分析和检修方法见表 2-6。

表 2-6　故障现象、故障分析和检修方法

故障现象	故障分析	检修方法
电动机转动速度不均匀	1. 给定环节可能存在问题 2. 外界干扰造成产生振荡	1. 利用万用表欧姆档检查给定是否在调节过程中平滑的偏大或者偏小 2. 可能在设备附近有强磁场，清除干扰源 3. 在输入端增设滤波电路以防止干扰 4. 检查测速发电机端子连接端部位
转速周期性变化	系统产生自激振荡	调节反馈信号电阻，减小运放放大倍数
在给电动机加给定电压过程中，起动时安培表指针突偏，随后慢慢正常	电流截止负反馈环节中，电流限幅值较大	1. 调节限幅可调电阻 2. 检查并调节模块运算放大器部分

【任务评价】

1. 学生自评和小组评价

小组通过各种形式将整个任务完成情况的工作总结进行展示，以组为单位进行评价，见表 2-7；课余时间由本人完成"学生自评"，由教师完成"教师评价"内容。

表 2-7　评价表

序号	主要内容	考核要求	评分标准	配分	扣分	得分
1	接线	能按照电路图正确接线	1. 接线按照不规范，每处扣 5~10 分 2. 接线错误，扣 20 分	30		

（续）

序号	主要内容	考核要求	评分标准	配分	扣分	得分
2	单闭环有静差状态下参数的调整	能根据任务要求正确设置参数	1. 参数设置不全，每处扣5分 2. 参数设置错误，每处扣5分	30		
3	操作调试	操作调试过程正确	1. 操作错误，扣10分 2. 调试失败，扣20分	20		
4	安全文明生产	操作安全规范、环境整洁	违反安全文明生产规程，扣5～10分	20		

2. 教师点评（教师根据各组的展示情况进行评价）

1）找出各组的优点进行点评。

2）对整个任务完成过程中各组的缺点进行点评，并提出改进方法。

3）总结整个活动完成中出现的亮点和不足。

【思考与练习】

1）对于单闭环有静差直流调速系统，当直流电动机所拖动负载减小，各个系统环节如何做出相应的变化？

2）怎样利用测速仪计算出电动机静差率和对应的调速范围？

3）相对于单闭环系统，单闭环调速有静差系统电动机静差率和对应的调速范围有何改变？

任务三　单闭环无静差调速系统的组建与调试

【任务描述】

在任务二中介绍的采用比例调节器的单闭环调速系统，属于有静差调速系统，其动态性能可能较差。实际生活中很多调速系统不仅需要生产设备有一定的调速控制精度，而且应具备一定的稳定性来减少静差。对于单闭环有静差调速系统，很难满足稳态要求。本任务中主要讲述采用比例积分调节器之后的系统稳态性能，将比例调节器换成比例积分调节器，从根本上消除静差，实现无静差调速。比例积分调节器是目前应用最为广泛的一种控制器，多用于工业生产中液位、压力、流量等控制系统。

【能力目标】

1）理解单闭环无静差调速直流调速系统的工作原理。

2）熟悉单闭环无静差直流调速系统的组建和调试步骤。

【材料及工具】

DSC-32型直流调速系统装置、直流电动机组、电气控制柜、测速仪、灯泡装置、示波器及探头、电工工具（1套）、万用表（1个）、钳形电流表、绝缘电阻表、连接导线若干等。

【知识链接】

一、积分调节器的特点

在自动控制系统中，积分调节器能够有效地消减系统静差，其调节控制质量的好坏取决于合理选取控制规律和整定参数，在控制系统中总是希望被控对象稳定。

采用运算放大器构成的积分调节器原理图，如图 2-26 所示，积分调节器的输出电压与输入电压的关系为

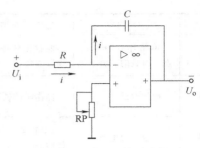

图 2-26　采用运算放大器构成的积分调节器原理图

$$U_o = \frac{1}{\tau} \int |U_i| \, dt$$

$$\tau = RC$$

式中，τ 为时间常数，是电路中电阻 R 与电容 C 的乘积，单位为秒（s）。

因此，在任意时刻都存在这样的关系，即

$$U_o = \frac{1}{\tau} \int |\Delta U| \, dt$$

积分调节作用的动作与偏差对时间的积分成正比，即偏差存在，积分作用就会有输出。它起着消除余差的作用，积分调节作用太强会引起振荡，太弱会使系统存在余差。

输入 $|U_i|$ 和输出 $|U_o|$ 的特性如图 2-27 积分调节器阶跃输入时对应的输出特征所示。

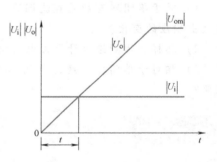

图 2-27　积分调节器阶跃输入时对应的输出特征

二、比例积分调节器的特点

比例积分调节器结合了比例调节器响应速度的快速性和积分调节器消除静差的准确性，从而使系统既具有动态响应快，又具有稳态精度高的特点。

比例积分调节器简称 PI 调节器，如图 2-28 所示。其输入、输出函数关系式为

$$U_o = -\left(K_P |U_i| + \frac{K_P}{\tau} \int |U_i| \, dt\right)$$

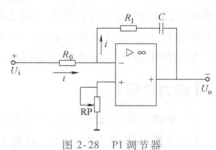

图 2-28　PI 调节器

式中　$K_P = R_1/R_0$，为 PI 调节器的比例放大倍数；

$\tau = R_0 C$，为 PI 调节器的时间常数。

PI 调节器的输入电压 ΔU_i 为一定值时，输出电压 ΔU_o 由一跃变量和随时间线性增长的两部分组成，其变化规律如图 2-29 所示。

在加上输入电压 ΔU_i 的瞬间，电容 C 的两端电压不能突变，暂时没有积分作用，调节器只起比例调节的作用，输出电压有一跃变，输出电压 $\Delta U_o = -K_P \Delta U_i$。与此同时，电容 C

充电并开始积分运算，使输出电压 ΔU_o 叠加至 $-(K_P|U_i|+\dfrac{K_P}{\tau}\int|U_i|\mathrm{d}t)$，充放电的时间取决于 $\tau=R_0C$ 的大小。若 ΔU_i 作用的时间足够长，则 ΔU_o 将上升到调节器的最大输出电压 ΔU_{max}（限幅值），然后保持不变。

PI 调节器既具有比例调节器较好的动态响应特性，又具有积分调节器的静态无差调节功能。在积分过程中，输入信号突然消失（变为零），其输出还始终保持输入信号消失前的值不变。

引入 PI 调节器能消除余差，实现比例和积分两种调节功能，相对于纯比例调节器，比例积分调节器可获得较好的控制质量，只要输入一微小信号，积分就进行，直至输出达到限幅值为止。这种积累、保持特性使积分调节器能消除控制系统的静态误差，从而增加系统运行的稳定性。

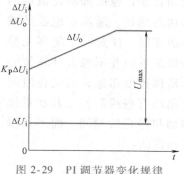

图 2-29　PI 调节器变化规律

三、单闭环无静差调速系统的组成及动态特性

1. 单闭环无静差调速系统的组成

单闭环无静差调速系统的组成如图 2-30 所示，与开环调速系统一样，单闭环无静差调速系统中电动机的转速因给定电压的变化而变化。当给定电压为零时，电动机停止，随着给定电压的增加，转速也会增加；当给定电压减小时，电动机转速下降。

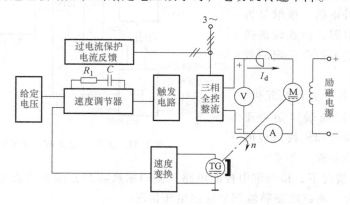

图 2-30　单闭环无静差调速系统的组成

2. 单闭环无静差调速系统的动态特性

若要实现无静差调速，转速调节器应采用 PI 调节器，无静差直流调速系统原理图如图 2-31 所示。

以升速控制为例，系统调节的过程如下：

$$U_s\uparrow\rightarrow\Delta U=(U_s-U_n)\uparrow\rightarrow U_c\uparrow\rightarrow U_d\uparrow\rightarrow n\uparrow$$

在无静差单闭环直流调速系统中，逐渐增加给定电压 U_s，叠加电压 ΔU 也增加，经过比例积分调节器使得输出电压 U_c 增大，U_c 经过触发器，输出双窄脉冲触发晶闸管门极，从

而使得输出电压 U_d 变大，电枢电压增加使电动机转速变快。整个动态过程中，电动机起动和停止速度随给定电压的增加而变快，随给定电压的减小而变慢。注意：单闭环无静差调速系统并不像开环系统一样动作速度迅速，而是在时间上稍微有些滞后，尤其在系统启动和停止的瞬间，而不是瞬时动作的。

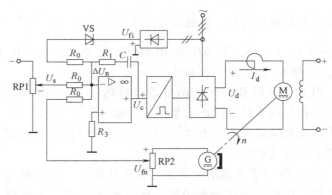

图 2-31　无静差直流调速系统原理图

【任务实施】

1. DSC-32 型直流调速装置中各模块互联图的关系

无静差直流调速系统互联图，如图 2-32 所示，端子 41、42 和 43 为 DSC-32 型直流调速系统电流反馈端。

2. 实验步骤

1）检查系统中主电路和控制电路以及各个设备（电压给定、触发电路、整流装置、电抗器、电动机等）的安装是否正确，接触是否良好，焊点是否牢固，检查设备接地和绝缘情况等是否符合一定的规范性。

2）仔细检查各个元件与元件、模块与模块之间接线端口是否正确，所有的接线编号和模块对应的位置应与图样保持一致。

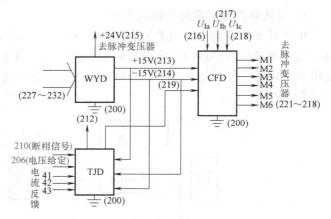

图 2-32　无静差直流调速系统互联图

3）在通电的情况下，检查继电控制电路，使用示波器和万用表检查电源相序、变压器两侧电压是否正常，测试励磁整流部分输出电压情况。

4）在检查主电路和继电控制电路等组成正常的情况下，当断开直流电动机时，检查触发晶闸管门极的脉冲是否有脉冲。

5）开环调试（带"假负载"——电阻）。

① 测试控制电源，在系统通电之后，使用万用表分别检查电源模块（WYD）和其他电路的电源是否正确。

② 使用示波器检查触发模块（CFD）。调节参数和初相位角，使得当输入可调电阻的改变时，输出电压也随着变化（在 0～300V 内可调），注意当 $U_g = 0V$ 时，输出电压也为 0V。

③ 调节模块（TJD）测试。将调节模块内转接头调至开环状态，调节转速反馈环中限幅电位器，使得 U_g 从 0V 增加至最大值时，输出电压 U_d 也从 0V 增加至 220V。

④ 带假负载正常运行之后，断开电源，连接直流电动机和测速电动机组，检查各点接线是否正确，注意励磁线圈和电枢线圈两端的正负接线是否正确。

⑤ 断电的情况下，重新检查确认各个模块是否在正确的位置，检查各个接线是否牢固，将调节模块内转接板 K（开环短接端）置于 B（闭环短接端）位置。

6）闭环调试（带电动机组负载）。

① 电流截止反馈调试。调整电流环（ACR），并调整决定反馈系数 β 的电位器，使得电枢电流为电动机额定电流的 1.5~2.0 倍，本系统整定为 $I_d = 2I_{ed} = 2×6.3A = 12.6A$ 即可。如果在系统运行时，使得输出电流 I_d 达到最大值时，系统还不稳定，此时应该重新整定调节反馈电位器，直至系统稳定为止。

② 过电流整定。调整转速环，接通电源，慢慢调整给定电压 U_g，使其从 0 开始至最大值。如果观察输出电压达到电动机额定电压 220V，则正常使用；此时调节给定电压为零，使电动机停止运行，堵住电动机，调整 RP5，使得电枢电流为额定电流的 2~2.5 倍，本系统取 2×6.3A = 12.6A，延时一小段时间，系统报警灯亮，主电路断开，电动机停止运行。

7）按照实训室"6S标准"清理现场。

【任务评价】

1. 学生自评和小组评价

小组通过各种形式将整个任务完成情况的工作总结进行展示，以组为单位进行评价，见表 2-8；课余时间由本人完成"学生自评"，由教师完成"教师评价"内容。

表 2-8 评价表

序号	主要内容	考核要求	评分标准	配分	扣分	得分
1	接线	能正确使用工具和仪表，按照电路图正确接线	1. 接线按照不规范，每处扣 5~10 分 2. 接线错误，扣 20 分	30		
2	单闭环无静差参数的调整	能根据任务要求正确设置参数	1. 参数设置不全，每处扣 5 分 2. 参数设置错误，每处扣 5 分	30		
3	操作调试	操作调试过程正确	1. 操作错误，扣 10 分 2. 调试失败，扣 20 分	20		
4	安全文明生产	操作安全规范、环境整洁	违反安全文明生产规程，扣 5~10 分	20		

2. 教师点评（教师根据各组的展示评价）

1）找出各组的优点进行点评。

2）对整个任务完成过程中各组的缺点进行点评，并提出改进方法。

3）总结整个活动完成过程中出现的亮点和不足。

【思考与练习】

1）对比开环直流调速控制系统和单闭环有静差直流调速控制系统，无静差控制系统的特点是什么？

2）在无静差调速系统中，积分调节器与比例调节器的输出特性有什么不同？

3）在无静差调试系统中，为什么要引入 PI 调节器？其稳定精度是否受给定电压和测速发电机精度的影响？

任务四　　转速、电流双闭环直流调速系统的组建与调试

【任务描述】

双闭环直流调速系统是比较复杂的自动控制系统，在工农业生产活动中得到广泛的应用，是目前直流调速系统设备中的主流设计，其抗负载和抗电压波动能力强，具有良好的线性特性、优异的控制性能和高效率，使系统达到"稳""准""快"的目的。目前直流调速系统的主要调速方法是变压调速，反馈系统按照一环套一环的结构组成一定的控制系统，系统分析和调试是维修电工必备学习的重要技能之一。本任务主要介绍双闭环直流调速系统的组成、启动分析、调试等操作技能。

【能力目标】

1）了解双闭环直流调速系统的工作原理及组建。

2）了解双闭环控制系统启动过程。

3）熟悉转速、电流负反馈的双闭环调试 DSC-32 型直流调速装置的步骤。

4）能规范填写相关的工作记录以及表格。

【材料及工具】

DSC-32 型直流调速系统装置、直流电动机组、电气控制柜、测速仪、灯泡装置、示波器及探头、电工工具（1 套）、万用表（1 个）、钳形电流表、绝缘电阻表、连接导线若干等。

【知识链接】

一、转速、电流双闭环调速系统的主要组成

为了实现转速和电流两种负反馈分别起作用，在系统中设置了两个调节器，分别是转速调节器（ASR）和电流调节器（ACR）。转速、电流双闭环直流调速系统和转速单闭环直流调速系统相比较，只是多了一个电流调节器（ACR），并且为了保证系统的速度稳定，把电流环放在内环，速度环放在外环，两个调节器实行串级连接，这样就形成了转速、电流双闭环调速系统，也就能做到既存在转速和电流两种负反馈作用又能使它们作用在不同的阶段。转速、电流双闭环调速系统的组成原理框图，如图 2-33 所示。

转速调节器和电流调节器一般采用 PI 调节器，其原理图和稳态结构如图 2-34 所示。因为 PI 调节器作为校正装置时既可以保证系统的稳态精度，又能够提高系统达到稳定运行时的速度，作为控制器时既能快速响应又能消除静差。

从图 2-34 可以看出，电流调节环在里面，叫做内环；转速环在外面，叫做外环。

对于图 2-34b，ACR 和 ASR 反馈系数存在的关系为

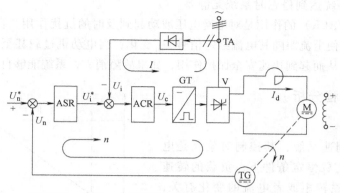

图 2-33 转速、电流双闭环调速系统的组成原理框图

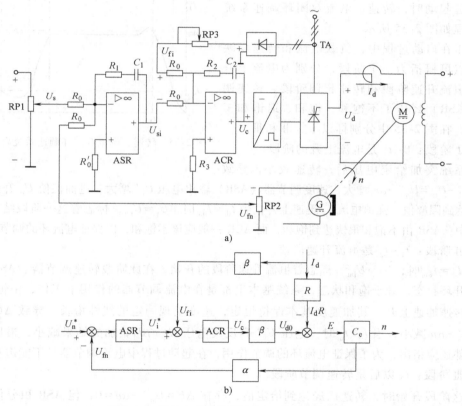

图 2-34 转速、电流双闭环原理图和稳态结构

a）转速、电流双闭环原理图 b）转速、电流双闭环稳态结构

注：U_n^*、U_{fn}——转速给定电压和转速反馈电压；U_i^*、U_{fi}——电流给定电压和电流反馈电压；

ASR——转速调节器；ACR——电流调节器；TG——测速发电机；TA——电流互感器

$$\Delta U = U_n^* - U_{fn} = U_n^* - \alpha n$$
$$U_{fi} = \beta I_d$$

转速调节器（ASR）的作用是跟随给定电压的变化而变化。在受到外界干扰时，能起到阻抗的作用，当系统达到稳态时系统无静差。

电流调节器（ACR）的作用是对电网电压波动起到及时的抗扰作用。在转速调节过程中，作为随动子系统，使电流跟随其电流给定信号 U_{gi} 变化；当电动机过载甚至堵转时，可限制电枢电流的最大值，从而起到快速安全保护作用，如果故障消失，系统能够自动恢复正常。

二、启动过程分析

1. 启动过程

对于双闭环调速系统，其控制对象就是电动机的转速，在负载恒定条件下，负载的转速变化和电动机电磁转矩或者电流的变化有关，现给双闭环调速系统突加给定电压，电动机由静止状态起动时，转速、电流双闭环调速系统启动过程如图 2-35 所示。

由于在启动过程中，负载电流和转速反映出的特点可概括为三个阶段，分别为电流上升阶段、恒流升速阶段和转速超调阶段。转速调节器（ASR）经历了不饱和、饱和、退饱和三个阶段，在图 2-35 中分别标以 Ⅰ、Ⅱ 和 Ⅲ。

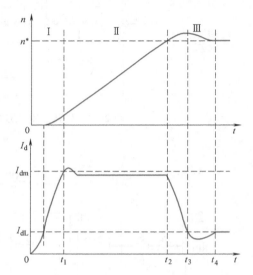

图 2-35　转速、电流双闭环调速系统启动过程

第 Ⅰ 阶段：$0 \sim t_1$ 是电流上升的阶段。

当系统突加给定电压后，转速较小，导致 $\Delta U = U_n^* - U_{fn} = U_n^* - \alpha n$ 增大，速度调节器（ASR）输出电压 U_i^* 增大，进而促使 U_c 升高，其输出很快达到限幅值，强迫电流 I_d 迅速上升，当 $I_d \approx I_{dm}$ 时，$U_i \approx U_{im}$，标志着这一阶段结束。在这一阶段中，ASR 由不饱和很快达到饱和，而 ACR 一般应该不饱和，以保证电流环的调节作用。

第 Ⅱ 阶段：$t_1 \sim t_2$ 是恒流升速阶段。

当 $I_d \approx I_{dm}$ 时，$U_i \approx U_{im}$，标志着恒流升速阶段的开始，在此阶段转速调节器（ASR）一直相当于开环状态，处于饱和状态，系统基本上都是在电流调节器的作用下工作，由恒流 I_d 拖动系统转速加速上升，其加速度基本保持恒定，速度呈现一定的线性增长，导致 $\Delta U = U_n^* - U_{fn} = U_n^* - \alpha n$ 减小，当 $I_d < I_m$ 时，电压 U_i^* 和反馈电压 $U_{fi} = \beta I_d$ 叠加的结果减小，最后接近于零。此外还应指出，为了保证电流环的调节作用，在起动过程中电流调节器是不能饱和的。

第 Ⅲ 阶段：t_2 以后是转速调节阶段。

在这阶段开始时，转速已经达到给定值，存在 $\Delta U = U_n^* - \alpha n = 0$，但 ASR 积分作用还维持在限幅值，电流 I 依旧处于最大值，此时必然使转速超调。当转速超调以后，ASR 输入端出现负的偏差电压，使得 $\Delta U < 0$，速度调节器（ASR）退出饱和状态，其输出电压即 ACR 的给定电压立即从限幅值降下来，主电流 I_d 也因而下降。当 $I_d = I_{dL}$ 时，转速 n 达到峰值。此后电动机在负载的阻力的作用下减速，直到系统稳定。

2. 系统静态特性的分析

双闭环调速系统的静态特性如图 2-36 所示。在正常负载时，速度调节器（ASR）不饱和，所以就依靠 ASR 的调节作用，表现为转速无静差（稳态运行无静差），保证系统具有较硬的机械特性。如图 2-36 中的 CA 段。

电动机负载加重时，转速下降，ASR 迅速进入饱和状态，ASR 失去了调节作用，在系统最大给定电流作用下，依靠 ACR 进行调节，如图 2-29 中的 AB 段所示，实际特性如虚线所示，表现出良好的"挖掘机特性"。

从静态特性上看，ASR 要求电流迅速跟随转速变化，而 ACR 则企图保持电流不变。当速度调节器（ASR）不饱和时，电流负反馈使静态特性可能产生的速降完全被 ASR 的积分作用消除。一旦 ASR 饱和，仅电流环在起作用，这时系统表现为恒流调节系统。

由此可见，双闭环调速系统的静态特性在负载电流小于 I_{dm} 时表现为转速无静差，这时，转速负反馈起主要调节作用。当负载电流达到 I_{dm} 后，转速调节器饱和，电流调节器起主要调节作用，系统表现为电流无静差，从而得到过电流的自动保护。

3. 启动过程的特点

（1）饱和非线性控制　整个系统随着 ASR 的饱和与不饱和将处于完全不同的两种状态。当 ASR 饱和时，转速环开环，系统表现为恒值电流调节的单闭环系统；当 ASR 不饱和时，转速环闭环，整个系统是一个无静差调速系统，而电流内环则表现为电流随动系统。

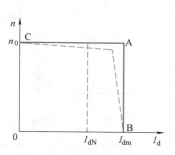

图 2-36　双闭环调速系统的
静态特性

（2）准时间最优控制　启动过程中主要的阶段是第 Ⅱ 阶段，即恒流升速阶段，它的特征是在电流保持恒定的情况下，缩短起动时间，使启动尽可能最快地达到预定值。

（3）转速超调　进入第 Ⅲ 阶段即转速调节阶段，转速调节器由饱和状态退为不饱和状态。但是由于在第 Ⅱ 阶段恒流升速的过程中，转速并不是瞬间转入最终的平衡状态，而是按照 PI 调节器的特性，所以只有使转速超调，ASR 的输入偏差电压为负值，才能使 ASR 退出饱和。也就是说，采用 PI 调节器的双闭环调速系统的转速动态响应必然有超调。在一般情况下，转速略有超调对实际运行的影响不大。

【任务实施】

1. 转速、电流双闭环直流调速系统模块互联图

以 DSC-32 型直流调速系统为例，其系统模块互联图如图 2-37 所示。

2. 调节板的工作原理及使用说明（双闭环系统）

该双闭环直流调速系统调节板的工作原理图如图 2-38 所示。调节板主要作用是使速度及电流实现无静差，即双闭环无静差系统。其组成主要分为两大部分：零速封锁及 PI 调节电路和多种故障保护电路。

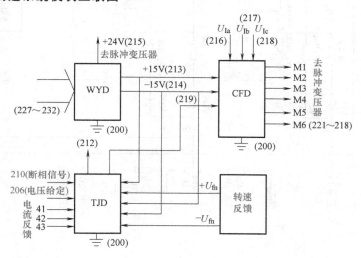

图 2-37　转速、电流双闭环直流调速系统模块互联图

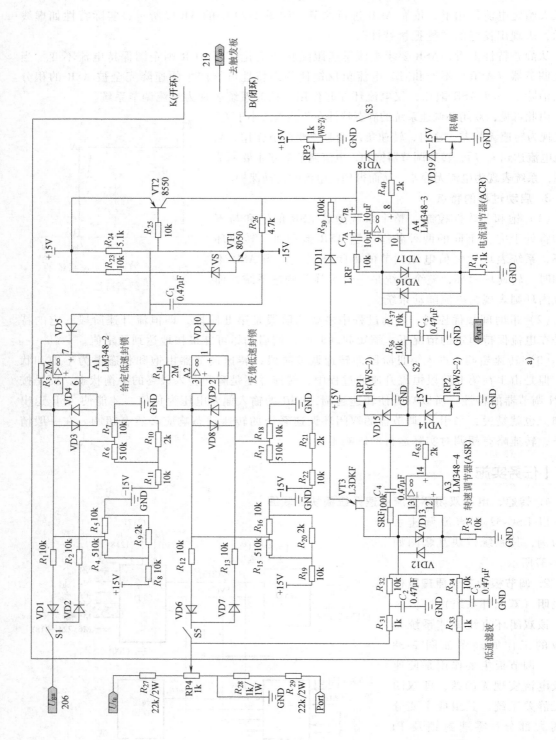

图 2-38 双闭环直流调速系统调节板的工作原理图

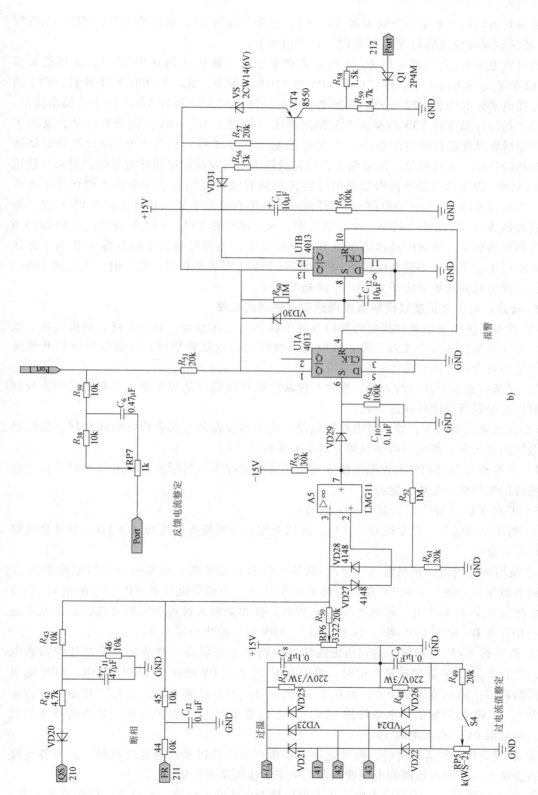

图 2-38　双闭环直流调速系统调节板的工作原理图（续）

a）零速封锁电路　b）报警保护电路

零速封锁电路主要由运算放大器 A1、A2，稳压二极管 Z1，晶体管 VT1、VT2；二极管 VD11 及结型场效应晶体管 VT3 等组成。其作用如下：

当给定电压 U_{gn} 与反馈电压 U_{fn} 的绝对值都小于某一数值（约 0.9V）时，运算放大器 A1、A2 的输出均为高电平，则二极管 VD5 和 VD10 均截至，此时晶体管 VT1 导通，VT2 的基极为低电平，晶体管 VT2 导通，其集电极电位达到 +15V，二极管 VD11 由于反偏而截至，所以结型场效应晶体管 VT3 的栅极上无控制电压（相当于 $U_{GS} = 0V$）而使其导通，又由于 VT3 导通后源极和漏极间电阻很小，故 ASR 的输出值（s2 点）约等于 0，所以起到封锁转速调节器的作用。由此可见，此电路的作用是当输入与转速反馈电压接近零时，封锁住转速调节器 ASR，以免调节器零漂引起晶闸管整流电路有输出电压而造成电动机爬行等不正常现象。当给定电压 U_{gn} 和反馈电压 U_{fn} 中任何一个其绝对值大于某一数值（约 0.9V）时，则运算放大器 A1、A2 的输出就有一个为低电平，此时晶体管 VT1、VT2 均截至，−15V 加到场效应晶体管的栅极，场效应晶体管 VT3 处于夹断状态，不再影响速度调节器 ASR 的工作状态，电路可正常工作。当栅极电压从 −15V 变到 +15V（即从夹断到导通）时，会延时 100ms 左右，其延时时间长短取决于 R_{23} 和 C_1 的充电时间。

3. 转速、电流负反馈双闭环直流调速装置的调试步骤

1）检查系统中主电路和控制电路以及各个设备（电压给定、触发电路、整流装置、电抗器、电动机等）的安装是否正确，接触是否良好，焊点是否牢固；检查设备接地和绝缘情况等是否符合一定的规范性。

2）仔细检查各个元件与元件、模块与模块之间接线端口是否正确，所有的接线编号和模块对应的位置应与图样保持一致。

3）在通电的情况下，检查继电控制电路，使用示波器和万用表检查电源相序、变压器两侧电压是否正常，测试励磁整流部分输出电压情况。

4）在检查主电路和继电控制电路等组成正常的情况下，当断开直流电动机时，检查触发晶闸管门极的脉冲是否有脉冲；

5）开环调试（带"假负载"——电阻）。

① 测试控制电源。在系统通电之后，使用万用表分别检查电源板（WYD）和其他电路的电源是否正确。

② 使用示波器检查触发板（CFD）。调节参数和初相位角：触发板原理图如图 2-39 所示。调节斜率值，使其为 6.3V 左右，调节初相位角，并调节电位器 RP（U_p 的值），使得给定电压（U_g）值最大时，输出电压 $U_d = 300V$；使得随输入可调电阻的改变，输出电压也随着变化（在 0~300V 内可调）。注意：当 $U_g = 0V$ 时，输出电压为 0V。

③ 调节板（TJD）测试。将调节板内转接头调至开环状态，调节转速反馈环中限幅电位器，使得 U_g 从 0V 增加至最大值时，输出电压 U_d 也从 0V 增加至 220V。ASR、ACR 输出限幅值的调整：限幅值取决于 $U_d = f(U_k)$ 和 $U_{fi} = \beta I_d$。β 是反馈系数，由 RP7 整定，I_d 为主电路电流。ASR 的限幅值，本系统取 −4V；给电位器 RP6 一个翻转电压，其值由系统负载决定，一般取 6V，本系统取 5V。

④ 带假负载正常运行之后，断开电源，连接直流电动机和测速电动机组，检查各点接线是否正确，注意励磁线圈和电枢线圈两端的正负接线是否正确。

⑤ 断电的情况下，重新检查确认各个模块是否在正确的位置，检查各个接线是否牢固，

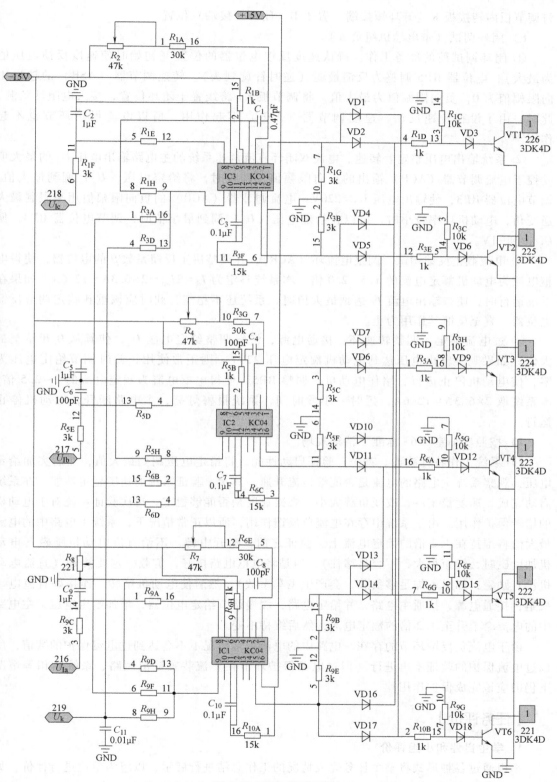

图 2-39　触发板原理图

将调节板内转接板 K（开环短接端）置于 B（闭环短接端）位置。

6）闭环调试（带电动机组负载）。

① 闭环调试前的准备工作。确认速度反馈电位器的位置（初始时使速度反馈电压值为最大），电位器 RP5 调整为反馈最弱（逆时针旋到头），转速调节器（ASR）的输出正向限幅值为 0，负向限幅值为最大值，将调节板 K1 跨线置于闭环位置，接入电阻性负载。此时，由于没有转速反馈，速度调节器（ASR）不起作用，所以电流保护环节也不起作用。

② 系统输出电压整定。转速、电流双闭环直流调速系统的主电路输出电压 U_d 的最大值受控于电流调节器（ACR）输出的正向限幅值。调整时，将给定电压（U_g）调到最大值，调节电位器 RP3，使输出电压 $U_d = 220V$。电流调节器（ACR）的负向限幅值用来限制最大逆变角，电动机功率较小时，可以在给定电压（U_g）调到最小值时，调节电位器 RP4，使 U_k 达到 $-1V$。

③ 电流截止反馈调试。调整电流环（ACR），并调整决定反馈系数 β 的电位器，使得电枢电流为电动机额定电流的 1.5 ~ 2.0 倍，本系统整定为 $I_d = 2I_{ed} = 2 \times 6.3A = 12.6A$。如果在系统运行时，使得输出电流 I_d 达到最大值时，系统还不稳定，此时应该重新整定调节反馈电位器，直至反馈其作用为止。

④ 过电流整定。调整转速环，接通电源，慢慢调整给定电压 U_g，使其从 0 开始至最大值。如果观察输出电压达到电动机额定电压 220V，则正常使用；此时调节给定电压为零，使电动机停止运行，堵住电动机，调整 RP5，使得电枢电流为额定电流的 2 ~ 2.5 倍，本系统取 $2 \times 6.3A = 12.6A$，延时一小段时间，系统报警灯亮，主电路断开，电动机停止运行。

7）按照实训室"6S标准"清理现场。

8）系统工作特性验证。首先，验证启动性能。将给定电压调到最大值，然后突加给定电压，观察系统主电路的电流是否能够恒流升速。其次，验证系统的速度稳定性能。在系统启动完成，速度稳定后，改变负载大小，观察速度是否能够稳定。再次验证系统对于电动机的堵转保护作用。由于系统中存在电流负反馈作用，所以正常情况下，系统主电路中的电流最大值将维持在 1.2 倍的额定电流上。验证之前，断开电源，不给直流电动机励磁（电动机加励磁时，转矩很大，不容易堵住），但是将电枢电路接好，负载一定要接好（直流电动机没有励磁，如果不加足够负载，会产生飞车事故），然后使电动机堵转，连接好直流电动机组，接通电源，接通主电路，并给定电路，缓慢调节给定电位器，增加给定电压，主电路中的电流会上升至 1.2 倍的额定电流，然后维持不变。

由于电流负反馈环节的存在，电路中的电流正常情况下不会达到过电流保护的数值，所以过电流保护的验证不再进行（但过电流保护环节在整流装置输出短路、系统断相等情况下仍旧应该完成保护作用）。

【任务评价】

1. 学生自评和小组评价

小组通过各种形式将整个任务完成情况的工作总结进行展示，以组为单位进行评价，见表 2-9；课余时间由本人完成"学生自评"，由教师完成"教师评价"内容。

表 2-9　评价表

序号	主要内容	考核要求	评分标准	配分	扣分	得分
1	接线	能按照电路图正确接线	1. 接线按照不规范,每处扣 5 ~ 10 分 2. 接线错误,扣 20 分	30		
2	参数设置	能根据任务要求正确设置参数	1. 参数设置不全,每处扣 5 分 2. 参数设置错误,每处扣 5 分	30		
3	操作调试	操作调试过程正确	1. 操作错误,扣 10 分 2. 调试失败,扣 20 分	20		
4	安全文明生产	操作安全规范、环境整洁	违反安全文明生产规程,扣 5 ~ 10 分	20		

2. 教师点评 (教师根据各组的展示评价)

1)找出各组的优点进行点评。

2)对整个任务完成过程中各组的缺点进行点评,并提出改进方法。

3)总结整个活动完成中出现的亮点和不足。

【思考与练习】

1)转速、电流双闭环直流调速系统主要组成部分有哪些?各个模块的功能是什么?

2)对应转速、电流双闭环直流调速系统步骤调节主要参数,反复练习和思考系统各模块之间的关系。

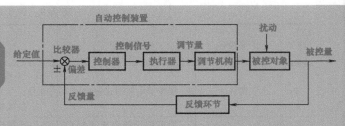

项目三

三相异步电动机变频调速系统

【任务描述】

变频器 MM440（MicroMaster 440）系列是德国西门子公司广泛应用于工业场合的多功能标准变频器。它采用高性能的矢量控制技术，可提供低转速高转矩输出和良好的动态特性，同时具备超强的过载能力，以满足广泛的应用场合。对于变频器的应用，必须首先熟练对变频器的面板操作，以及根据实际应用对变频器的各种功能参数进行设置。

【能力目标】

1）熟悉变频器的面板操作方法。
2）熟悉变频器的功能参数设置。
3）熟练掌握变频器的正反转、点动、频率调节方法。

【材料及工具】

西门子 MM440 系列变频器、小型三相异步电动机、电气控制柜、电工工具（1 套）、连接导线若干等。

【知识链接】

一、变频原理

1. 变极调速
感应电动机的转速表达式为

$$n = (1-s)\,n_1 = \frac{(1-s)\,60f_1}{p} \tag{3-1}$$

式中　f_1——电源的频率（Hz）；

　　　p——定子的磁极对数；

　　　s——转差率；

n_1——电动机的同步转速（r/min）。

由式（3-1）可知，改变电动机的磁极对数 p，可改变电动机的同步转速 n_1，从而达到调速的目的，这种调速方法称为变极调速。

通常生产厂家有专门的变极电动机可用于电动机的变极调速，它是将电动机的定子绕组各个接线端子都引到电动机外的接线盒中，只要改变电动机定子绕组的接线方式，就可使电动机的磁极对数发生变化。如将定子绕组的两线圈串联，形成的磁极对数为两对极，即 $p=2$；若将定子绕组的两线圈并联，形成的磁极对数为一对极，即 $p=1$，如图 3-1 所示。当磁极对数减少一半，同步转速就提高一倍，电动机转速也几乎升高一倍，这种电动机又称为多速电动机。异步电动机定子变极调速的转速几乎是成倍地变化，因此调速平滑性较差，但在每个转速等级运行时有较硬的机械特性，其稳定性较好。对于不需要无极调速的生产机械，多速电动机得到了广泛的应用。常用的异步电动机定子绕组变极接法有星形（丫）改为双星形（丫丫）和三角形（△）改为双星形（丫丫）两种。

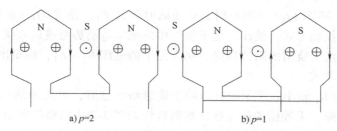

图 3-1　电动机的变极原理

2. 转差率调速

由式（3-1）可知，改变电动机转差率 s，可以使电动机的转速变化，从而达到调速的目的。如在转子电路串联调速电阻器，改变其电阻大小，即改变转子电路的电阻 r_2，最大转矩 T_m 不变，临界转差率 s_m 改变，电动机的转差率 s 也随着变化，从而使电动机的转速改变。当转子电路串联电阻后，电动机的机械特性斜率增大，特性变软，故改变转差率调速的范围不大，仅为 2~3，且串联电阻后增加铜损耗，调速经济性较差；在低速时，机械特性很软，运行稳定性较差，且不能实现无级调速。但该方法较简单，设备投资较小，因此，只在不需要无级调速的中、小型功率的绕线转子异步电动机中得到应用。

3. 交流变频调速的基本原理

由式（3-1）可知，只要平滑地调节异步电动机的供电电源的频率 f_1，就可以平滑地调节异步电动机的同步转速 n_1，从而实现异步电动机的无级调速的目的，这就是变频调速的基本原理。现在只要设法改变三相交流电动机的供电频率 f_1，就可十分方便地改变电动机的同步转速 n_1，使电动机的转速发生变化。

从表面上来看，只要改变电源的频率 f_1，就可以调节电动机的转速大小，但实际上仅仅改变电动机的频率并不能获得良好的变频特性。如果电源的电压 u_1 不变，只改变电源的频率 f_1，当频率 f_1 从基频（50Hz）往下调节（$f_1<50$Hz）时，会使电动机气隙磁通量增大，超过额定值而饱和，这样励磁电流急剧升高，使电动机定子铁心损耗急剧增加，从而引起电动机发热，甚至烧坏电动机绕组。反之，当频率 f_1 由基频（50Hz）向上调节（$f_1>50$Hz）时，则会使电动机气隙磁通量减弱，于是电动机的电磁转矩 T_{em} 减小，使电动机的拖动能力也随着减小，电动机得不到充分利用。这两种变频的情况都是实际运行中所不允许的。因此真正应用变频调速时，一般需要同时改变电压和频率，以保持磁通基本恒定。三相异步电动机定子绕组每相电动势的有效值公式为

$$E_1 = 4.44 f_1 N_1 K_{W1} \Phi_m \qquad\qquad (3\text{-}2)$$

式中　E_1——定子绕组每相电动势的有效值（V）；

　　　f_1——电源的频率（Hz）；

　　　N_1——定子绕组每相串联的匝数；

　　　K_{W1}——定子基波绕组系数；

　　　Φ_m——每极气隙主磁通量（Wb）。

由式（3-2）可知，只要控制好 E_1 和 f_1，便可达到控制气隙主磁通量 Φ_m 的目的，对此，需要考虑基频以上和基频以下两种情况。

（1）基频以下调速　由式（3-2）可知，若要保持气隙磁通量 Φ_m 不变，则当频率 f_1 从基频（50Hz）往下调节（$f_1 < 50\text{Hz}$）时，必须同时降低 E_1，使 $E_1/f_1 = $ 常数，即采用恒定的电动势、频率比的控制方式。然而，定子绕组中的感应电动势是难以直接控制的，当电动势较高时，可以忽略定子绕组的阻抗压降，认为定子的电压 $U_1 \approx E_1$，则得出 $U_1/f_1 = $ 常数，这是恒压频比的控制方式。

低频时，U_1 和 E_1 较小，定子阻抗压降不能忽略。这时，可人为地把电压 U_1 升高以便近似地补偿定子压降。无补偿的恒压频比控制特性如图 3-2 中的曲线所示。

（2）基频以上调速　在基频以上调速时，频率从基频向上可以调至上限频率值，但是由于电动机定子的相电压不能超过电动机的额定电压，所以电压不再随频率变化，而保持基准电压值不变，这时电动机主磁通量必然随频率升高而减弱，转矩相应减小，功率基本保持不变，属于恒功率调速区。基准频率为恒功率调速区的最低频率，是恒转矩调速区与恒功率调速区的转折点，而基准电压值在整个恒功率调速区内不再随频率变化而改变。

把基频以下和基频以上两种情况合起来，可得如图 3-3 所示的异步电动机变频调速控制特性。如果电动机在不同转速下都具有额定电流，则电动机都能在温升允许条件下长期运行，这时转矩基本上随磁通变化。按照电力拖动原理，在基频以下，属于"恒转矩调速"性质；而在基频以上，基本上属于"恒功率调速"性质。

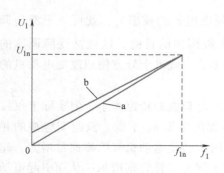

图 3-2　无补偿的恒压频比控制特性

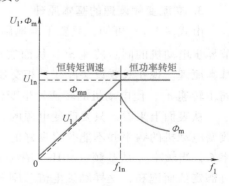

图 3-3　异步电动机变频调速控制特性

二、变频器的特点及分类

电动机使用变频器的作用就是为了调速，并降低起动电流。为了产生可变的电压和频率，该设备首先应把电源的交流电变换为直流电（DC），这个过程叫做整流。把直流电（DC）变换为交流电（AC）的装置，其科学术语为"inverter"（逆变器）。逆变器是把直流电源逆变为固定频率和固定电压的逆变电源。对于频率可调、电压可调的逆变器称为变频器。变频器输出的是脉冲（PWM）波形，此波形产生的电压连接至三相异步电动机后，可在电动机三相绕组中产生近乎正弦波的三相电流，主要用于三相异步电动机调速，又叫做变频调速器。其功能是将电网电压提供的恒压恒频交流电变换为变压变频的交流电，变频伴随变压，对交流电动机实现无级调速。变频器一般可以分为交-交变频器与交-直-交变频器两大类，如图3-4所示。

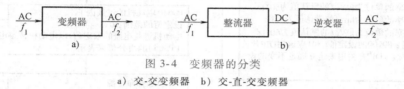

图3-4　变频器的分类

a）交-交变频器　b）交-直-交变频器

三、变频器快速调试的基本流程

MM440系列变频器快速调试的基本流程图如图3-5所示。当选择P0010=1，即快速调试时，P0003用户访问级用来选择要访问的参数。这一参数也可以用来选择由用户定义的进行快速调试的参数表。在快速调试的所有步骤都已完成以后，应设定P3900=1，以便进行必要的电动机数据的计算，并将其他所有的参数（不包括P0010=1）恢复到它们的默认设置值。下面来介绍几个快速调试中所涉及的重点参数。

1. P0205 参数

P0205参数（见图3-6）可以选择变频器应用对象：0为恒转矩，1为变转矩。

众所周知，变频器和电动机的型号取决于负载要求的速度范围和转矩，不同负载具有不同的速度-转矩特性。在MM440系列变频器中，对于"恒转矩CT"，在整个频率调节范围内驱动的对象都需要恒定的转矩，如带式运输机、空气压缩机和正排量泵类；对于"变转矩VT"，驱动对象的频率转矩特性为抛物线，即离心风机和水泵采取VT运行方式。

一般情况下，建议首先对P0205进行修改，然后重新匹配电动机的参数。电动机的参数将在这一改变后重写，如图3-6所示。

需要注意的是：P0205的值设定为1（即变转矩时），只能用于变转矩的应用对象。如果把它用于恒转矩的应用对象，则I^2t报警信号将发生得太晚，因而可能导致电动机过热。

2. P0300 参数

P0300参数（见图3-7）可以选择电动机的类型：1为异步电动机，2为同步电动机。

如果所选的电动机是同步电动机，那么以下功能是无效的：功率因数P0308、电动机效率P0309、磁化时间P0346、去磁时间P0347、转差补偿P1335、转差限值P1336、电动机的磁化电流P0320、电动机的额定转差P0330、额定磁化电流P0331、额定功率因数P0332、转子时间常数P0384、捕捉再起动P1200/P1202/P1203、直流注入制动P1230/P1232/P1233。

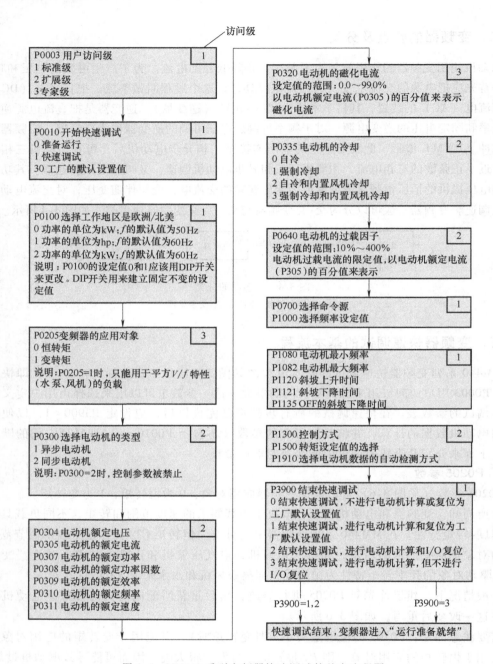

图 3-5　MM440 系列变频器快速调试的基本流程图

P0205	变频器的应用			最小值：0	
	CStat：CT	数据类型：U16	单位：—	默认值：0	访问级：3
	参数组：变频器	使能有效：确认	快速调试：是	最大值：1	

图 3-6　P0205 参数设置

P0300 [3]	选择电动机的类型		最小值：1	
CStat：CT	根据类型：U16	单位：—	默认值：1	访问级：2
参数组：电动机	使能有效：确认	快速调式：是	最大值：2	

图 3-7　P0300 参数设置

P0305 的最大值取决于变频器电流的最大值 r0209 和电动机的类型。对于异步电动机，其电流的最大值 $P0305_{max}$ 为变频器的最大电流 r0209；对于同步电动机，其电流的最大值 $P0305_{max}$ 为变频器电流的最大值 r0209 的 2 倍。

P0308 参数的设定值为 0 时，将由变频器内部来计算功率因数，具体结果见 r0332 参数。P0309、P0311 等参数设定值为 0 时，也是类似原理。

3. P0700 参数

P0700 参数（见图 3-8）可以选择数字的命令信号源，即 0 为工厂的默认设置、1 为 BOP 键盘设置、2 为由端子排输入、4 为 BOP 链路的 USS 设置、5 为 COM 链路的 USS 设置、6 为 COM 链路的通信 CB 设置。

P0700 [3]	选择命令源		最小值：0	
CStat：CT	数据类型：U16	单位：—	默认值：2	访问级：1
参数组：命令	使能有效：确认	快速调试：是	最大值：6	

图 3-8　P0700 参数设置

【任务实施】

1. 变频器面板的操作

利用变频器的操作面板和相关参数设置，即可实现对变频器的某些基本操作如正反转、点动等运行。变频器面板的介绍及按键功能说明详见 MM440 说明书。

2. 基本操作面板修改设置参数的方法

MM440 在默认设置时，用基本操作面板（BOP）控制电动机的功能是被禁止的。如果要用 BOP 进行控制，参数 P0700 和 P1000 应设置为 1。用基本操作面板（BOP）可以修改任何一个参数。修改参数的数值时，BOP 有时会显示"busy"，表示变频器正忙于处理优先级更高的任务。下面就以设置 P1000 = 1 的过程为例，来介绍通过基本操作面板（BOP）修改设置参数的流程，见表 3-1。

表 3-1　基本操作面板（BOP）修改设置参数流程

	操作步骤	BOP 显示结果
1	按 ⓟ 键，访问参数	r0000
2	按 ⏶ 键，直到显示 P1000	P1000
3	按 ⓟ 键，直到显示 in000，即 P1000 的第 0 组值	in000
4	按 ⓟ 键，显示当前值 2	2
5	按 ⏷ 键，达到所要求的值 1	1

（续）

操 作 步 骤	BOP 显示结果
6	按 ⓟ 键,存储当前设置	P 1000
7	按 ⓕⓝ 键,显示 r0000	r 0000
8	按 ⓟ 键,显示频率	50.00

3. 操作方法与步骤

（1）按要求接线　变频调速系统电气接线图如图 3-9 所示,检查电路正确无误后,合上主电源开关 QS。

（2）参数设置

1）设定 P0010＝30 和 P0970＝1,按下 P 键,开始复位,复位过程大约 3min,这样就可以保证变频器的参数恢复到工厂默认值。

2）设置电动机参数。为了使电动机与变频器相匹配,需要设置电动机参数。电动机参数设置见表 3-2。电动机参数设定完成后,设 P0010＝0,变频器当前处于准备状态,可正常运行。

3）设置面板操作控制参数（见表 3-3）。

4. 变频器的运行操作

（1）变频器起动　在变频器的前操作面板上按运行键 ⓘ,变频器将驱动电动机升速,并运行在由 P1040 所设定的 20Hz 频率对应的 560r/min 的转速上。

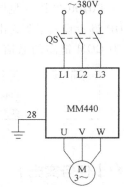

图 3-9　变频调速系统电气接线图

表 3-2　电动机参数设置

参数号	出厂值	设置值	说　　明
P0003	1	1	设定用户访问级为标准级
P0010	0	1	快速调试
P0100	0	0	功率单位为 kW,频率为 50Hz
P0304	230	380	电动机额定电压（V）
P0305	3.25	1.05	电动机额定电流（A）
P0307	0.75	0.37	电动机额定功率（kW）
P0310	50	50	电动机额定频率（Hz）
P0311	0	1400	电动机额定转速（r/min）

表 3-3　面板基本操作控制参数

参数号	出厂值	设置值	说　　明
P0003	1	1	设用户访问级为标准级
P0010	0	0	正确地进行运行命令的初始化
P0004	0	7	命令和数字 I/O
P0700	2	1	由键盘输入设定值（选择命令源）

（续）

参数号	出厂值	设置值	说　　明
P0003	1	1	设用户访问级为标准级
P0004	0	10	设定值通道和斜坡函数发生器
P1000	2	1	由键盘（电动电位计）输入设定值
P1080	0	0	电动机运行的最低频率（Hz）
P1082	50	50	电动机运行的最高频率（Hz）
P0003	1	2	设用户访问级为扩展级
P0004	0	10	设定值通道和斜坡函数发生器
P1040	5	20	设定键盘控制的频率值（Hz）
P1058	5	10	正向点动频率（Hz）
P1059	5	10	反向点动频率（Hz）
P1060	10	5	点动斜坡上升时间（s）
P1061	10	5	点动斜坡下降时间（s）

（2）正反转及加减速运行　电动机的转速（运行频率）及旋转方向可直接通过按前操作面板上的增加键／减少键（▲／▼）来改变。

（3）点动运行　按下变频器前操作面板上的点动键 🔘，则变频器驱动电动机升速，并运行在由 P1058 所设置的正向点动 10Hz 频率值上。当松开变频器前操作面板上的点动键，则变频器将驱动电动机降速至零。这时，如果按下变频器前操作面板上的换向键，在重复上述的点动运行操作的同时，电动机可在变频器的驱动下反向点动运行。

（4）电动机停机　在变频器的前操作面板上按停止键 ⓞ，则变频器将驱动电动机降速至零。

【任务评价】

任务评价见表 3-4。

表 3-4　评价表

序号	主要内容	考核要求	评分标准	配分	扣分	得分
1	接线	能正确使用工具和仪表，按照电路图正确接线	1. 接线不规范，每处扣 5~10 分 2. 接线错误，扣 20 分	30		
2	参数设置	能根据任务要求正确设置变频器参数	1. 参数设置不全，每处扣 5 分 2. 参数设置错误，每处扣 5 分	30		
3	操作调试	操作调试过程正确	1. 变频器操作错误，扣 10 分 2. 调试失败，扣 20 分	20		
4	安全文明生产	操作安全规范、环境整洁	违反安全文明生产规程，扣 5~10 分	20		

【思考与练习】

1) 怎样利用变频器操作面板对电动机进行预定时间的起动和停止？

2) 怎样设置变频器的最大运行频率和最小运行频率？

任务二　变频器的外部操作

【任务描述】

在实际使用中，电动机经常要根据各类机械的某种状态而进行正转、反转、点动等运行，变频器的给定频率信号、电动机的起动信号等都是通过变频器控制端子给出的，即变频器的外部运行操作，大大提高了生产过程的自动化程度。下面就来学习变频器的外部运行操作相关知识。

【能力目标】

1) 掌握 MM440 系列变频器基本参数的输入方法。

2) 掌握 MM440 系列变频器输入端子的操作控制方式。

3) 熟练掌握 MM440 系列变频器的运行操作过程。

【材料及工具】

西门子 MM440 系列变频器一台、三相异步电动机一台、断路器一个、熔断器三个、自锁按钮两个、导线若干、通用电工工具一套等。

【任务实施】

用自锁按钮 SB1 和 SB2，外部电路控制 MM440 系列变频器的运行，实现电动机正转和反转控制。其中，端口"5"（DIN1）设为正转控制，端口"6"（DIN1）设为反转控制，对应的功能分别由 P0701 和 P0702 的参数值设置。

1. 输入端口及接线

1) MM440 系列变频器有 6 个数字输入端口，如图 3-10 所示。

2) 数字端口输入。MM440 系列变频器有 6 个数字输入端口（DIN1~DIN6），即端口"5""6""7""8""16"和"17"，每一个数字输入端口的功能有很多，用户可根据需要进行设置。参数号 P0701~P0706 分别对应于端口数字输入 1 功能至数字输入 6 功能，每一个数字输入功能设置参数值范围均为 0~99，出厂默认值均为 1。以下列出其中几个常用的参数值，各数值的具体含义见表 3-5。

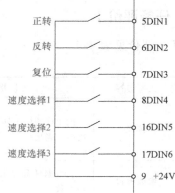

图 3-10　MM440 系列变频器
的数字输入端口

表 3-5 MM440 系列变频器数字输入端口的功能设置

参数值	功能说明
0	禁止数字输入
1	ON/OFF1(接通正转、停机命令 1)
2	ON/OFF1(接通反转、停机命令 1)
3	OFF2(停机命令 2),按惯性自由停机
4	OFF3(停机命令 3),按斜坡函数曲线快速降速
9	故障确认
10	正向点动
11	反向点动
12	反转
13	MOP(电动电位计)升速(增加频率)
14	MOP 降速(减少频率)
15	固定频率设定值(直接选择)
16	固定频率设定值(直接选择+ON 命令)
17	固定频率设定值(二进制编码选择+ON 命令)
25	直流注入制动

3)接线。变频器外部运行操作接线如图 3-11 所示。

2. 参数设置

接通断路器 QF,变频器在通电的情况下,完成相关参数设置,具体设置见表 3-6。

3. 变频器运行操作

(1)电动机正向运行 当按下按钮 SB1 时,变频器数字端口 "5" 为 ON,电动机按 P1120 所设置的 5s 斜坡上升时间正向起动运行,经 5s 后稳定运行在 560r/min 的转速上,此转速与 P1040 所设置的 20Hz 对应。松开按钮 SB1,变频器数字端口 "5" 为 OFF,电动机按 P1121 所设置的 5s 斜坡下降时间停止运行。

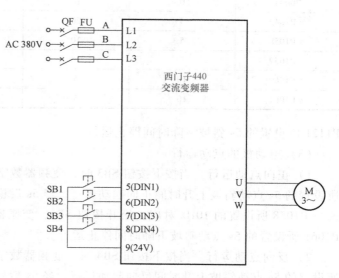

图 3-11 变频器外部运行操作接线

(2)电动机反向运行 当按下按钮 SB2 时,变频器数字端口 "6" 为 ON,电动机按 P1120 所设置的 5s 斜坡上升时间反向起动运行,经 5s 后稳定运行在 560r/min 的转速上,此转速与 P1040 所设置的 20Hz 对应。松开按钮 SB2,变频器数字端口 "6" 为 OFF,电动机按

表 3-6 变频器参数设置

参数号	出厂值	设置值	说　明
P0003	1	1	设用户访问级为标准级
P0004	0	7	命令和数字 I/O
P0700	2	2	命令源选择"由端子排输入"
P0003	1	2	设用户访问级为扩展级
P0004	0	7	命令和数字 I/O
*P0701	1	1	ON 接通正转,OFF 停止
*P0702	1	2	ON 接通反转,OFF 停止
*P0703	9	10	正向点动
*P0704	15	11	反向点动
P0003	1	1	设用户访问级为标准级
P0004	0	10	设定值通道和斜坡函数发生器
P1000	2	1	由键盘(电动电位计)输入设定值
*P1080	0	0	电动机运行的最低频率(Hz)
*P1082	50	50	电动机运行的最高频率(Hz)
*P1120	10	5	斜坡上升时间(s)
*P1121	10	5	斜坡下降时间(s)
P0003	1	2	设用户访问级为扩展级
P0004	0	10	设定值通道和斜坡函数发生器
*P1040	5	20	设定键盘控制的频率值
*P1058	5	10	正向点动频率(Hz)
*P1059	5	10	反向点动频率(Hz)
*P1060	10	5	点动斜坡上升时间(s)
*P1061	10	5	点动斜坡下降时间(s)

P1121 所设置的 5s 斜坡下降时间停止运行。

（3）电动机的点动运行

1）正向点动运行。当按下按钮 SB3 时，变频器数字端口"7"为 ON，电动机按 P1060 所设置的 5s 点动斜坡上升时间正向起动运行，经 5s 后稳定运行在 280r/min 的转速上，此转速与 P1058 所设置的 10Hz 对应。松开按钮 SB3，变频器数字端口"7"为 OFF，电动机按 P1061 所设置的 5s 点动斜坡下降时间停止运行。

2）反向点动运行。当按下按钮 SB4 时，变频器数字端口"8"为 ON，电动机按 P1060 所设置的 5s 点动斜坡上升时间反向起动运行，经 5s 后稳定运行在 280r/min 的转速上，此转速与 P1059 所设置的 10Hz 对应。松开按钮 SB4，变频器数字端口"8"为 OFF，电动机按 P1061 所设置的 5s 点动斜坡下降时间停止运行。

（4）电动机的速度调节　分别更改 P1040 和 P1058、P1059 的值，并按上述操作过程进行操作，就可以改变电动机正常运行速度和正反向点动运行速度。

（5）电动机实际转速测定　电动机运行过程中，利用激光测速仪或者转速测试表可以直接测量电动机实际运行速度。当电动机处在空载、轻载或者重载时，实际运行速度会根据负载的轻重略有变化。

【任务评价】

任务评价见表3-7。

表 3-7　评价表

序号	主要内容	考核要求	评分标准	配分	扣分	得分
1	接线	能正确使用工具和仪表,按照电路图正确接线	1. 接线不规范,每处扣5~10分 2. 接线错误,扣20分	30		
2	参数设置	能根据任务要求正确设置变频器参数	1. 参数设置不全,每处扣5分 2. 参数设置错误,每处扣5分	30		
3	操作调试	操作调试过程正确	1. 变频器操作错误,扣10分 2. 调试失败,扣20分	20		
4	安全文明生产	操作安全规范、环境整洁	违反安全文明生产规程,扣5~10分	20		

【思考与练习】

1）电动机正转运行控制，要求稳定运行频率为40Hz，DIN3端口设为正转控制。画出变频器外部接线，并进行参数设置、操作调试。

2）利用变频器外部端子实现电动机正转、反转和点动的功能，电动机加减速时间为5s，点动频率为15Hz，电动机点动加减速时间为3s。DIN4端口设为点动控制，DIN5端口设为正转控制，DIN6端口设为反转控制，进行参数设置、操作调试。

任务三　变频器的模拟信号操作控制

【任务描述】

MM440系列变频器可以通过6个数字输入端口对电动机进行正反转运行、正反转点动运行方向进行控制。可通过基本操作面板，按频率调节按键增加和减少输出频率，从而设置正反向转速的大小；也可以由模拟输入端控制电动机转速的大小。本任务内容就是通过模拟输入端的模拟量控制电动机转速的大小。

【能力目标】

1）掌握 MM440 系列变频器的模拟信号控制。

2）掌握 MM440 系列变频器基本参数的输入方法。

3）熟练掌握 MM440 系列变频器的运行操作过程。

【材料及工具】

西门子 MM440 系列变频器一台、三相异步电动机、电位器一个、断路器一个、熔断器三个、自锁按钮两个、通用电工工具一套、导线若干。

【知识链接】

MM440 系列变频器为用户提供了两对模拟输入端口，如图 3-12 所示，即端口"3"和"4"组成模拟输入 AIN1，端口"10"和"11"组成模拟输入 AIN2，端口"1"和端口"2"为用户提供了一个高精度的 +10V 直流稳压电流。可利用电位器串联在电路中，通过调节电位器，改变模拟输入端口给定的输入电压，变频器的模拟端口输入量将紧紧跟踪给定量的变化，从而可以平滑无极地调节电动机转速的大小。

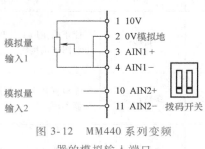

图 3-12　MM440 系列变频器的模拟输入端口

【任务实施】

用按钮 SB1、SB2，电位器 RP1，外部线路控制 MM440 系列变频器的运行，实现电动机正转和反转控制、电动机的速度调节控制。其中端口"5"（DIN1）设为正转控制，端口"6"（DIN2）设为反转控制。

通过设置 P0701 的参数值，使数字输入"5"端口具有正转控制功能；通过设置 P0702 的参数值，使数字输入"6"端口具有反转控制功能；模拟输入"3""4"端口外接电位器，通过"3"端口输入大小可调的模拟电压信号，控制电动机转速的大小。即由数字输入端控制电动机转速的方向，由模拟输入端控制转速的大小。

1. 按要求接线

变频器模拟信号控制接线如图 3-13 所示，按照电路图进行规范接线，检查电路正确无误后，闭合主电源开关 QF，进行参数设置。

2. 参数设置

1）恢复变频器工厂默认值。设定 P0010 = 30 和 P0970 = 1，按下 P 键，开始复位。

2）设置电动机参数。电动机参数设置见表 3-8。电动机参数设置完成后，设 P0010 = 0，变频器当前处于准备状态，可正常运行。

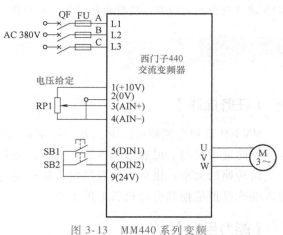

图 3-13　MM440 系列变频器模拟信号控制接线图

表 3-8　电动机参数设置

参数号	出厂值	设置值	说　明
P0003	1	1	设用户访问级为标准级
P0010	0	1	快速调试
P0100	0	0	工作地区:功率单位为 kW,频率为 50Hz
P0304	230	380	电动机额定电压(V)
P0305	3.25	0.95	电动机额定电流(A)
P0307	0.75	0.37	电动机额定功率(kW)
P0308	0	0.8	电动机额定功率因数(cosφ)
P0310	50	50	电动机额定频率(Hz)
P03111	0	2800	电动机额定转速(r/min)

3）设置模拟信号操作控制参数。模拟信号操作控制参数设置见表 3-9。

表 3-9　模拟信号操作控制参数设置

参数号	出厂值	设置值	说　明
P0003	1	1	设用户访问级为标准级
P0004	0	7	命令和数字 I/O
P0700	2	2	命令源选择由端子排输入
P0003	1	3	设用户访问级为专家级
P0004	0	7	命令和数字 I/O
P0701	1	1	ON 接通正转,OFF 停止
P0702	1	2	ON 接通反转,OFF 停止
P0003	1	1	设用户访问级为标准级
P0004	0	10	设定值通道和斜坡函数发生器
P1000	2	2	频率设定值选择为模拟输入
P1080	0	0	电动机运行的最低频率(Hz)
P1082	50	50	电动机运行的最高频率(Hz)

3. 变频器运行操作

（1）电动机正转与调速　按下电动机正转按钮 SB1，数字输入端口 DINI 为"ON"，电动机正转运行，转速由外接电位器 RP1 来控制，模拟电压信号在 0~10V 之间变化，对应变频器的频率在 0~50Hz 之间变化，对应电动机的转速在 0~1500r/min 之间变化。当松开按钮 SB1 时，电动机停止运转。

（2）电动机反转与调速　按下电动机反转按钮 SB2，数字输入端口 DIN2 为"ON"，电动机反转运行，与电动机正转相同，反转转速的大小仍由外接电位器 RP1 来控制，模拟电压信号在 0~10V 之间变化，对应变频器的频率在-50~0Hz 之间变化，对应电动机的转速在-1500~0r/min 之间变化。当松开按钮 SB2 时，电动机停止运转。

【任务评价】

任务评价见表 3-10。

表 3-10 评价表

序号	主要内容	考核要求	评分标准	配分	扣分	得分
1	接线	能正确使用工具和仪表,按照电路图正确接线	1. 接线不规范,每处扣 5~10 分 2. 接线错误,扣 20 分	30		
2	参数设置	能根据任务要求正确设置变频器参数	1. 参数设置不全,每处扣 5 分 2. 参数设置错误,每处扣 5 分	30		
3	操作调试	操作调试过程正确	1. 变频器操作错误,扣 10 分 2. 调试失败,扣 20 分	20		
4	安全文明生产	操作安全规范、环境整洁	违反安全文明生产规程,扣 5~10 分	20		

【思考与练习】

1）通过模拟输入端口"10""11",利用外部接入的电位器控制电动机转速的大小。连接线路,并设置端口功能参数值。

2）给定频率为 50Hz、60Hz 时,变频器对应的输出电压有何特征?为什么?

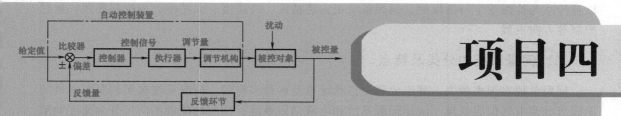

项目四

伺服系统

【任务描述】

伺服系统是自动控制系统中的一个重要分支，是伴随着对控制要求的发展而提出的。随着当今自动控制理论和电子元器件的发展，伺服系统的理论与实践均趋于成熟，并被广泛应用到工业生产中。伺服系统在数控技术、自动化、电气工程及其自动化、机电一体化等专业领域中得到广泛应用。因此，作为企业所需的高技能电气专业人才，对伺服系统进行学习是十分必要的。

【能力目标】

1）理解伺服系统的意义。

2）掌握伺服系统的分类及特点。

3）掌握伺服系统的常用外部装置知识。

【材料及工具】

旋转变压器、直线式感应同步器、光栅测量装置、电工工具、万用表、交流异步电动机、电气控制柜、示波器、电工工具、导线若干等。

【知识链接】

一、伺服系统概述

伺服系统又称为随动系统，是用来控制被控对象的位移或转角，使其能自动地、精确地按照输入指令的变化规律进行重复性的运行。在控制理论中可以认为是执行机构按照控制信号的要求而动作。在控制信号到来之前，被控对象静止不动；接收到控制信号后，被控对象则按要求动作；控制信号消失之后，被控对象自行停止动作。

伺服系统是联系控制设备与被控设备的中间环节，起着传递指令信息和反馈设备运行状态信息的桥梁作用。随着计算机技术、数字信号处理技术、电力电子、通信技术、控制技术以及传感与检测等学科的发展，伺服系统正向高精度、高速度、大功率、多控制模式、远程控制等方向发展。

二、伺服系统的分类及特点

伺服系统有很多种类，其组成和工作状况也是多种多样的。伺服系统按照伺服驱动机的不同可分为电气伺服系统、液压伺服系统和电液伺服系统；按照功能的不同可分为速度伺服系统、位置伺服系统、功率伺服系统、模拟伺服系统、计量伺服系统和加速度伺服系统等。

电气伺服系统根据电气信号可分为直流伺服系统和交流伺服系统两类。交流伺服系统又分为感应电动机伺服系统和永磁同步电动机伺服系统两种。随着电子技术的发展和电动机性能的完善，电气伺服系统成为当今应用最广泛的伺服系统。

（1）按照伺服系统的控制方式分类　可分为开环控制系统、闭环控制系统和半开环控制系统三种。

1）开环伺服系统是一种比较基础的伺服系统。最典型的开环系统就是采用步进电动机的伺服系统，如图 4-1 所示。

图 4-1　开环伺服系统

以应用到数控机床为例，它一般由环形分配器、步进电动机、功率放大器、配速齿轮和丝杠螺母传动副等组成。这类数控机床将零件的加工程序处理后，输出数据指令给伺服系统，伺服控制器驱动机床运动，而没有来自位置传感器的反馈信号。数控系统每发出一个指令脉冲信号，经驱动电路进行功率放大后，驱动步进电动机旋转一个步距角度，经传动机构带动工作台移动。这种系统数据是单向的，即移动脉冲发出后，实际移动位移值不再向前反馈回来，所以称为开环控制。

2）闭环伺服系统。这种伺服系统带有检测装置，可以对控制对象的位移或角度进行测量，如图 4-2 所示。

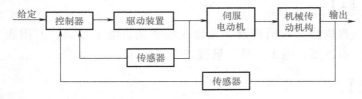

图 4-2　闭环伺服系统

以应用到数控机床为例，当数控机床发出位移指令脉冲信号，经电动机和机械传动装置使机床工作台做出相应移动，安装在工作台上的位置检测器可直接对工作台的位移量进行检测，把机械位移变成电参量，反馈到输入端与输入信号相比较，得到的差值经过放大和变换，最后驱动工作台向减少误差的方向移动，直到差值等于零时为止。这类控制系统，因为把机床工作台纳入了位置控制环，所以称为闭环控制系统。

3）半闭环伺服系统（见图 4-3）是介于开环与闭环之间，精度没有闭环高，但调试却比闭环控制系统方便，因而得到广泛的应用。

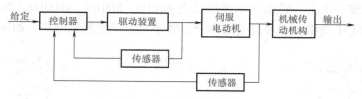

图 4-3 半闭环伺服系统

以应用到数控机床为例，系统未将齿轮传动副、丝杠螺母副等机械传动机构包含在闭环反馈中，因而称之为半闭环控制系统。它不能补偿传感器反馈环外的机械传动装置的传动误差，但却可以获得稳定的控制特性。大多数数控机床采用半闭环伺服系统，这类系统用安装在进给丝杠轴端或电动机轴端的角位移测量元件，如旋转变压器、脉冲编码器、圆光栅等，来代替安装在机床工作台上的直线测量元件，用测量丝杠或电动机轴旋转角位移来代替测量工作台直线位移。

（2）按照使用的驱动执行元件分类　可分为步进伺服系统、直流伺服系统和交流伺服系统三大类。

1）步进式伺服系统又称为开环位置伺服系统，其驱动执行机构为步进电动机。步进电动机盛行于 20 世纪 70 年代，相对于其他控制系统，其结构简单、控制容易、维修方便、控制全数字化，即数字化的输入指令脉冲对应着数字化的位置输出，这完全符合数字化控制技术的要求，可使数控系统与步进电动机的驱动控制电路结为一体。

2）用直流电动机作为执行元件的伺服系统称为直流伺服系统。较早时期受电动机等设备的技术限制，直流伺服系统在整个伺服控制中是主导地位。其优点是响应速度快、宽调频、机械特性硬等。直流伺服系统常用的伺服电动机有小惯量直流伺服电动机和永磁直流伺服电动机（又称为宽调速直流伺服电动机）。

① 小惯量伺服电动机可以最大限度地减少了电枢的转动惯量，因此电枢反应比较小，具有良好的换向性能，机电时间常数只有几毫秒。由于其转子无槽，所以电气机械均衡性较好。在早期的数控机床上应用较多，现在也有应用。小惯量伺服电动机一般都设计成高的额定转速和低的惯量。所以应用时，要经过中间机械传动（如减速器）才能与丝杠相连接。

② 宽调速直流伺服电动机的结构与一般的直流电动机类似，有电励磁和永久磁铁励磁两种。其特点是高转矩、过载能力强、动态响应好、调速范围宽、运转平稳、易于调试等。

3）用交流电动机作为执行元件的伺服系统称为交流伺服系统。交流伺服系统一般使用交流异步伺服电动机和永磁同步伺服电动机，前者一般用于主轴伺服电动机，后者一般用于进给伺服电动机。由于直流伺服电动机存在着电刷磨损等固有缺点，所以使其应用环境受到限制。交流伺服电动机没有这些缺点，且转子惯量较直流电动机小，使得动态响应较好。另外，在同样外形尺寸上，交流电动机的输出功率比直流电动机提高了 10%～70%，交流电动机的功率也可以比直流电动机大很多，可达到更高的电压和转速。因此，交流伺服系统得到了迅速发展，已经形成潮流。

三、伺服系统检测装置的旋转变压器

旋转变压器又称为同步分解器，实质上是一种旋转式的小型交流电机，它由定子和转子组成。定子绕组为变压器的一次侧，转子绕组为变压器二次侧，转子与执行电动机轴相连

接。励磁电压接到一次侧，励磁频率常用的有 400Hz、500Hz、1000Hz、2000Hz 和 5000Hz。当励磁电压加到定子绕组时，通过电磁耦合，转子绕组产生感应电压，如图 4-4 所示。

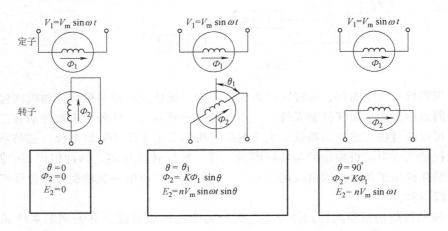

图 4-4　旋转变压器原理图

当转子转到使它的绕组磁轴与定子绕组磁轴垂直时，则转子绕组感应电压为零。当转子绕组磁轴自垂直位置转过一个角度 θ 时，转子绕组中产生的感应电动势为

$$E_2 = nV_1\sin\theta = nV_m\sin\omega t\sin\theta$$

当转子转到两磁轴平行时（即 $\theta = 90°$），转子绕组中感应电动势为最大值，幅值最大值，其值为

$$E_2 = nV_m\sin\omega t$$

实际中，通常采用的是正弦余弦旋转变压器，其定子和转子绕组中各有互相垂直的两个绕组，如图 4-5 所示。当励磁用两个相位相差 90° 的电压供电时，应用迭加原理，在二次侧的一个转子绕组中的磁通为

$$\Phi_3 = \Phi_1\sin\theta_1 + \Phi_2\cos\theta_1$$

则输出电压为

$$u_3 = nV_m\sin\omega t\sin\theta_1 + nV_m\cos\omega t\cos\theta_1$$
$$= nV_m\cos(\omega t - \theta_1)$$

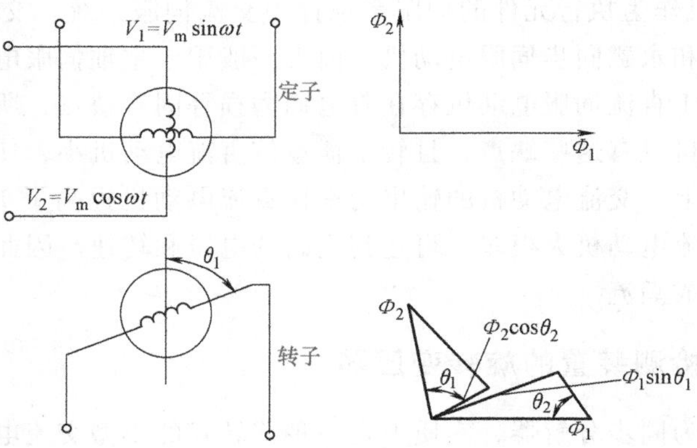

图 4-5　采用正弦余弦旋转变压器原理图

综上可知，旋转变压器转子绕组感应电压的幅值是按转子偏转角 θ 的正弦或余弦规律变化的，其频率和交流电动机励磁电压的频率相同。因此，可以采用测量旋转变压器二次侧感应电压的幅值或相位的方法，作为间接测量转子转角 θ 的变化。

由于旋转变压器只能测量转角，在数控机床的伺服系统中，往往用来直接测量丝杠的转角，亦可用齿条、齿轮转化来间接测量工作台的位移。某些数控机床为了指示工作台的绝对位置，可以同时使用几个旋转变压器，将它们按照一定比值相互配合使用。

四、伺服系统检测装置的感应同步器

感应同步器是一种检测机械角位移或直线位移的精密传感器。在伺服系统中，它被用来测量输出被测部件偏移基准点的角度、位置等变化量。

1）感应同步器按结构划分有圆盘式和直线式两种，前者用于测量角度，后者用于测量长度。直线式感应同步器，在机床伺服系统中应用很普遍，由定尺和滑尺两部分组成，相当于旋转变压器的定子和转子，如图4-6所示。

当给滑尺绕组通一给定频率的交流电压时，由于电磁感应作用，在定尺绕组上会产生感应电动势，感应同步器就是利用这个感应电动势变化来进行位置检测的。根据励磁方式的不同，感应同步器有两种工作状态，一种是相位工作状态，另一种是幅值工作状态。

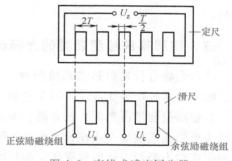

图4-6 直线式感应同步器

在相位工作状态下，滑尺两个绕组供给幅值、频率相同，而相位差90°的交流电压，采用与旋转变压器类似的分析方法，可以导出感应同步器定尺绕组感应电动势的公式为

$$u_0(t) = u\sin(\omega_0 t + 2\pi x/T)$$

式中，x 表示机械位移，T 表示绕组节距。

由于感应同步器直接对位移进行测量，不经过任何转换装置，所以测量精度只受到本身限制。目前制作工艺可以将尺子的平面绕组做得很精确，而且定尺上感应器的电压信号是多周期的平均效应，从而减少了绕组局部尺寸误差的影响，所以感应同步器可达到很高的测量精度。

旋转式感应同步器的工作原理及使用方法与自整角机和旋转变压器相似，它可以用于测量角度，但其精度比感应同步器低些。一般旋转变压器的测角精度可达到角分数量级，圆盘式感应同步器可达到角秒数量级，直线式感应同步器测量位移的精度可到达 0.0001mm，灵敏度为 0.05μm。

2）感应同步器的应用电路有鉴相型和鉴幅型两种类型。

① 鉴相型测量电路的基本原理：用正弦波基准信号对滑尺的正弦和余弦两个绕组进行励磁时，则从定尺绕组取得的感应电动势将对应于基准信号的相位，并反映出滑尺与定尺的相对位移。将感应同步器测得的反馈信号的相位与给定的指令信号相位相比较，如有相位差存在，则控制设备继续移动，直至相位差为零才停止。鉴相型测量控制电路原理图，如图4-7所示。

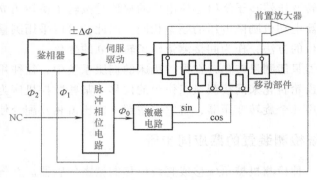

图 4-7 鉴相型测量控制电路原理图

② 鉴幅型测量电路的基本原理：在感应同步器的滑尺两个绕组上，分别给以两个频率、相位相同但幅值不同的正弦波电压进行励磁，则从定尺绕组输出的感应电动势的幅值随着定尺和滑尺相对位置的不同而发生变化，通过鉴幅器可以鉴别反馈信号的幅值，用以测量位移量。

五、伺服系统检测装置的光栅测量装置

计量光栅有长光栅和圆光栅两种，是数控机床和数显系统常用的检测元件，具有精度高、响应速度较快等优点，可用非接触式进行测量。

光栅测量装置由光源、长光栅、短光栅和光电元件等组成，如图 4-8 所示。光栅是在一块长条形的光学玻璃上或在长条形金属镜面上均匀地刻上很多和运动方向垂直的线条。线条之间距离称为栅距，可以根据所需的精度决定，一般是每毫米刻 50、100、200 条线。长光栅 G_1 安装在机床的移动部件上，称为标尺光栅；短光栅 G_2 安装在机床的固定部件上，称为指示光栅。两块光栅互相平行并保持一定的间隙，如 0.05mm 或 0.1mm 等，且刻线密度相同。

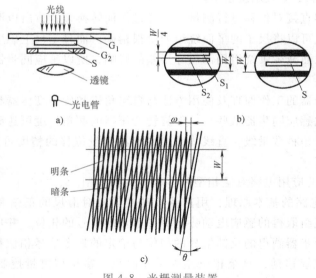

图 4-8 光栅测量装置

如果将指示光栅在其自身的平面内转过一个很小的角度 θ，这样两块光栅的刻线相交，则在相交处出现黑色条纹，这种利用相互倾斜一个小角度的标尺光栅和指示光栅在相对运动时产生的干涉条纹称为莫尔条纹。

由于两块光栅的刻线密度相等，即栅距 ω 相同，而产生的莫尔条纹的方向和光栅刻线方向大致垂直，其几何关系如图 4-8c 所示。当 θ 很小时，莫尔条纹的节距 W 为

$$W = \frac{\omega}{\theta}$$

即莫尔条纹的节距是光栅栅距的 $1/\theta$ 倍，当标尺光栅移动时，莫尔条纹会向垂直于光栅移动的方向移动，当光栅移动一个栅距 ω 时，莫尔条纹会相应准确地移动一个节距 W，因此只要读出莫尔条纹的数目，就知道光栅移动了多少个栅距。而栅距在制作光栅时已经确定，所以光栅的移动距离就可以通过电气系统自动的测量出来，即

$$L = NW$$

式中，L 表示两光栅相对移动量，N 表示记录的莫尔条纹数，W 表示光栅的节距。

如果光栅的刻线为 100 条，即栅距为 0.01mm 时，人们是无法用眼来分辨的，但它的莫尔条纹却清晰可见，所以莫尔条纹是一种简单的放大机构。其放大倍数取决于两光栅刻线的交角 θ，如 $\omega = 0.01$mm、$W = 10$mm，则其放大倍数 $1/\theta = W/\omega = 1000$ 倍，这是莫尔条纹系统的独具特点。

莫尔条纹的另一特点是平均效应。因为莫尔条纹是由若干条光栅刻线组成的，若光电元件接收长度为 10mm，在 $\omega = 0.01$mm 时，光电元件接收的信号是由 1000 条刻线组成的，如果制造上的缺陷，比如间断地少几根线只会影响千分之几的光电效果。所以用莫尔条纹测量长度，决定其精度的要素不是一根线，而是一组线的平均效应。其精度比单纯栅距精度高，尤其是重复精度有显著提高。

光栅检测元件若用光玻璃制成，容易受外界气温的影响产生误差。因为光栅之间间隙很小，当灰尘、切削等污物侵入时会影响光电信号幅值和机床定位精度。因此，对光栅测量装置的维护和保养非常重要。

【任务实施】

用旋转变压器和相关元器件搭建角度测量电路。

首先根据图 4-9 所示电路完成角度测量电路的组装，检查无误后通电。由于旋转变压器输出的位置信号 U1 和 U2 为模拟量，必须将模拟量转换为数字量，才能与数字伺服控制器进行连接。

该测量电路采用 AD2S80A 芯片，该芯片是以幅值检测方式对正-余弦选择变压器信号进行处理的专用芯片，转换精度可设定为 10bit、12bit、14bit、16bit 的分辨率，不同分辨率对应的最大跟踪速率分别为 62400r/min、15600r/min、3900r/min、975r/min，可以通过外围器件的不同连接选用不同的分辨率。本系统综合考虑转换精度与跟踪速率选用 12bit 的分辨率，其与外围器件的接口电路芯片内部无激励电路。

需将外部的正弦波发生电路提供幅值为 5V、频率为 18kHz 正弦信号接入参考 I/P 引脚，旋转变压器的正/余弦信号分别接入 SIN、SIN GOUND 和 COS、COS GOUND 引脚，通过数字

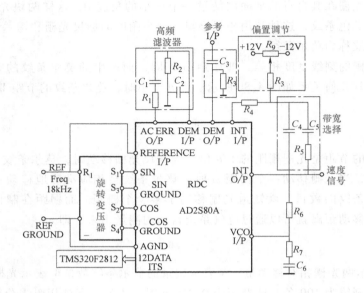

图4-9　AD2S80A测试电路

转换输出端将与电动机转轴角位置呈线性关系的12bit二进制码直接送入伺服系统的CPU TMS320F2812中。

图4-9中的外接元件 R_1、R_2、C_1、C_2 构成高频滤波器；R_3、C_3 确定基准输入交流耦合参数；改变 C_4、C_5、R_5 值可以改变闭环带宽；C_6、R_7 构成相位补偿电路，通常选 C_6 = 470pF，R_7 = 68Ω；R_8 和 R_9 调节积分器输入端的失调电压和偏置电流。

【任务评价】

1. 学生自评和小组评价

小组通过各种形式将整个任务完成情况的工作总结进行展示，以组为单位进行评价，见表4-1；课余时间由本人完成"学生自评"，由教师完成"教师评价"内容。

表4-1　评价表

序号	主要内容	考核要求	评分标准	配分	扣分	得分
1	学习兴趣	能主动学习知识，提出问题	不能够自学，扣5~10分	30		
2	遵守纪律	遵守课堂纪律，遵守操作规程	1. 违反相关纪律，每处扣5分 2. 违反相关操作规程，每处扣10分	30		
3	知识掌握程度	对所学知识能够全能理解、掌握	知识点理解错误，扣10分	20		
4	查阅资料的能力	会通过各种途径查阅相关资料	资料查找错误，每处扣5分	20		

2. 教师点评（教师根据各组的展示评价）

1）找出各组的优点进行点评。

2）对整个任务完成过程中各组的缺点进行点评，并提出改进方法。

3）总结整个活动完成中出现的亮点和不足。

【思考与练习】

1）总结光栅测量装置的优缺点。

2）怎样才能将旋转变压器用于实际工程中进行测量？

任务二　三相永磁同步伺服电动机的控制

【任务描述】

随着电力电子技术、微电子技术、计算机技术及控制理论的发展，以交流伺服电动机为执行电动机的交流伺服系统具有与直流伺服系统同样的性能，从而使得交流电动机固有的优势得以充分地发挥，现代伺服系统逐渐倾向于交流伺服系统。因此，对交流伺服系统的学习是必不可少的。

【能力目标】

1）理解交流伺服系统原理。

2）熟悉交流伺服电动机的工作原理。

3）能规范填写相关的工作记录以及表格。

【材料及工具】

交流伺服电动机组、电气控制柜、测速仪、电工工具、万用表、钳形电流表、绝缘电阻、连接导线若干等。

【知识链接】

一、三相永磁同步伺服电动机的工作原理

三相永磁同步伺服电动机是目前应用最多的高性能交流伺服电动机。从结构上看，如图 4-10 所示，其定子有齿槽，内有三相绕组，形状与普通感应电动机定子的形状相同，它的转子由强抗退磁的永久磁铁构成，形成励磁通道。因此，这种电动机无需励磁电源，效率较高。

由图 4-10 可以看出，永磁体位于转子内部，转子的结构简单、机械强度较高、制造成本较低。转子表面为硅钢片，所以表面损耗较小。等效气隙小，但气隙磁感应强度较强，适于弱磁控制。永磁体形状及配置的自由度高，转子的转动惯量较小。可有效地利用磁阻转矩，提高电动机的转矩密度和效率。可利用转子的凸极效应实现无位置传感器的起动与运行。

根据永磁体安装在转子上的方式不同，永磁体的形状可以分为扇形和矩形两种，如图

4-11 所示。

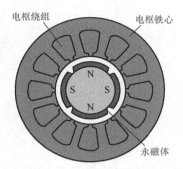

图 4-10 三相永磁同步电动机的结构

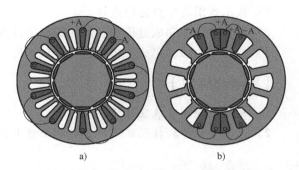

a)   b)

图 4-11 三相永磁同步伺服电动机转子的构造

a）矩形磁铁转子 b）扇形磁铁转子

矩形磁铁转子呈现凸极特性，电枢电感较大，齿槽效应转矩较大。但磁通可集中，可形成较强的磁感应强度，因此适用于大功率电动机。由于电动机呈现凸极特性，可以利用磁阻转矩，而且这种转子结构不易飞出，可适应于高速运转。

扇形磁铁构造的转子具有电枢电感较小、齿槽效应转矩较小的优点。但易受电枢反应的影响，且由于磁铁不可能集中，气隙磁感应强度较弱，电动机呈现非凸极特性。

三相永磁同步伺服电动机在正常工作时，应配有磁极位置检测器，以便于起动时控制起始位置。位置检测器可以用旋转变压器，也可以用光电编码器。

三相永磁同步伺服电动机与带转子绕组的同步电动机，其定子的结构是一样的，并且其转子上所用永久磁铁为磁感应强度强的永磁材料，在转子产生的感应电流对转子磁场的影响可以忽略不计。对三相永磁同步伺服电动机进行电流解耦控制，控制电枢电路矢量与转子磁场方向成 90°时，产生的最大电磁转矩 T_m 为常数，转矩仅与电枢电流成正比，三相永磁同步伺服电动机的数学模型类似于他励直流电动机的线性化数学模型。

二、交流伺服系统原理

用交流电动机作为执行元件的伺服系统称为交流伺服系统。三相永磁同步伺服电动机交流伺服系统除了永磁同步电动机外，还由以下三部分组成：速度和位置传感器、功率逆变器和 PWM 生成电路、速度控制器和电流控制器，如图 4-12 所示。

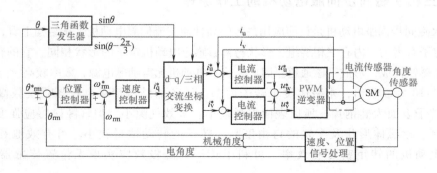

图 4-12 三相永磁同步电动机伺服控制系统的组成

其具体的控制过程如图 4-13 所示。

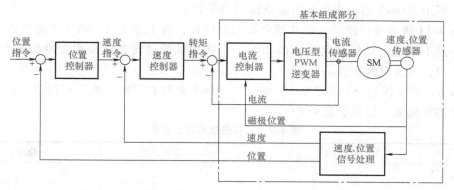

图 4-13 三相永磁同步电动机伺服控制系统的控制过程

速度指令和速度反馈信号在速度控制器的输入端进行比较，速度控制器的输出信号为电流指令信号，这是一个表征电流幅值的直流量。但电动机是交流电动机，要求在其定子绕组中通入交流电流。因此，必须将速度控制器输出的直流电流指令交流化，使该交流电流指令的相位由转子磁极所产生的磁通相正交的空间位置上，这样就可以达到与直流伺服电动机相似的转矩控制。因此，将位置检测器输出的磁极位置信号在乘法器中与直流电流指令相乘，从而在乘法器的输出端获得交流电流指令。交流电流指令值与电流反馈信号相比较后，差值送入电流控制器。依靠电流控制电路的高速跟踪，使在电动机定子电枢绕组中产生出波形与交流电流指令相似但幅值要高得多的正弦电流，该电流与永磁体相互作用产生电磁转矩，推动交流伺服电动机运转。

【任务实施】

一、三相永磁同步电动机工作特性的测试

1. 任务要求

1) 测量定子绕组的冷态电阻。
2) 速度-频率 $n=f$（Hz）测试。
3) 压频-转矩特性的测定。
4) 测取三相永磁同步电动机在工频下的工作特性。

2. 任务说明

（1）测量定子绕组的冷态电阻　将电动机在室内放置一段时间，用温度计测量电动机绕组端部或铁心的温度。当所测量温度与冷却介质温度之差不超过 2K 时，为实际冷态。记录此时的温度和测量定子绕组的直流电阻，此阻值为冷态直流电阻。

三相交流绕组电阻的测定如图 4-14 所示。直流电源用主控屏上电枢电源，先调到 50V。开关 S 选用 D51挂件上的双刀双掷开关，R 用 1800Ω 可调电阻。

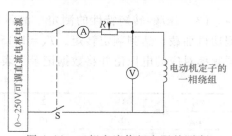

图 4-14 三相交流绕组电阻的测定

量程的选择：测量时通过的测量电流应小于额定电流的 20%，约为 50mA，因此直流电流表的量程用 200mA 挡，直流电压表量程用 20V 挡。

按图 4-14 所示进行接线，把 R 调至最大值位置，合上开关 S，调节直流电源及 R 阻值使试验电流不超过电动机额定电流的 20%，以防因试验电流过大而引起绕组的温度上升，读取电流值，再读取电压值。

调节 R，使电流表分别为 50mA、40mA、30mA 并测取三次，取其平均值。所测量定子三相绕组的电阻值，记录于表 4-2 中。

表 4-2 三相绕组测量记录表

	绕组 1			绕组 2			绕组 3		
I/mA									
U/V									
R/Ω									
R 平均/Ω									

（2）速度-频率 $n=f$（Hz）测试 按图 4-15 所示进行接线。电动机绕组为丫联结，直接与涡流测功机同轴连接。

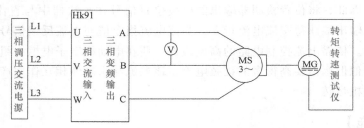

图 4-15 速度-频率 $n=f$（Hz）测试接线

按下控制屏上的"启动"按钮，把交流调压器调至电压 380V，首先按下变频器上的 PU/EXT 键，调节左侧旋钮使频率显示为零，然后按下 RUN 键使电动机运转起来，再调节变频器左侧旋钮既可调节频率从而改变转速。观察电动机旋转方向，每 10Hz 记录电动机转速，涡流测功机不加载，将得到的数据记录在表 4-3 中。

表 4-3 测量记录表（1）

序号	1	2	3	4	5	6
f/Hz	0	10	20	30	40	50
U/V						

（3）压频-转矩特性的测定 测量接线图同图 4-15，调节变频频率为 10Hz，调节涡流测功机加载，达到额定转矩，$T_N = 1.15\text{N} \cdot \text{m}$，并保持不变。然后调节变频器旋钮，测取不同频率对应的电压值并将数据记录于表 4-4 中。

表 4-4 测量记录表（2）

序号	1	2	3	4	5	6
f/Hz	0	10	20	30	40	50
U/V						

涡流测功机不加载，同样测取不同频率下的对应的电压关系，并将数据记录于表 4-5 中。

表 4-5 测量记录表（3）

序号	1	2	3	4	5	6
f/Hz	0	10	20	30	40	50
U/V						

（4）测取三相永磁同步电动机在工频下的工作特性　测量接线图同图 4-16，同轴连接涡流测功机。

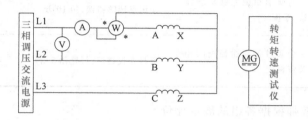

图 4-16 测量接线图

合上交流电源，调节调压器使之逐渐升压至额定电压并保持不变。调节涡流测功机，使同步电动机定子输出功率逐渐上升，直至 1.2 倍额定功率。从这个负载开始逐渐减小负载直至空载，在此范围内读取同步电动机的定子电流、输入功率、转速等数据并记录于表 4-6 中。

表 4-6 测量记录表（4）

序号	I_{1L}/A	$I_{1L}U_1$/W	P_1/W	n/(r/min)	T_2/N·m	P_2/W	η(%)
1							
2							
3							
4							
5							
6							
7							
8							
9							
10							

【任务评价】

1. 学生自评和小组评价

小组通过各种形式将整个任务完成情况的工作总结进行展示，以组为单位进行评价，见表 4-7；课余时间由本人完成"学生自评"，由教师完成"教师评价"内容。

表 4-7 评价表

序号	主要内容	考核要求	评分标准	配分	扣分	得分
1	学习兴趣	能主动学习知识,提出问题	不能够自学,扣 5~10 分	30		
2	遵守纪律	遵守课堂纪律,遵守操作规程	1. 违反相关纪律,每处扣 5 分 2. 违反相关操作规程,每处扣 10 分	30		
3	知识掌握程度	对所学知识能够全能理解、掌握	知识点理解错误,扣 10 分	20		
4	查阅资料的能力	会通过各种途径查阅相关资料	资料查找错误,每处扣 5 分	20		

2. 教师点评（教师根据各组的展示评价）

1）找出各组的优点进行点评。

2）对整个任务完成过程中各组的缺点进行点评，并提出改进方法。

3）总结整个活动完成中出现的亮点和不足。

【思考与练习】

1）总结三相永磁同步电动机的优缺点。

2）试述交流伺服系统的工作原理。

任务三　台达 ASDA-AB 系列伺服控制器的操作

【任务描述】

台达 ASDA-AB 系列伺服控制器是目前较为常用的交流伺服控制器，具有控制模式多、整定时间短、速度响应频宽、低速运转特性佳、通信功能强、操作简单等优点。因此，对其基本操作的学习是必不可少的。

【能力目标】

1）理解台达 ASDA-AB 系列伺服控制器的工作原理。

2）掌握台达 ASDA-AB 系列伺服控制器的基本操作。

3）掌握台达 ASDA-AB 系列伺服控制器工程指令的编写。

【材料及工具】

台达 ASDA-AB 系列伺服控制器、交流伺服电动机组、电气控制柜、测速仪、电工工具、万用表、钳形电流表、绝缘电阻表、连接导线若干等。

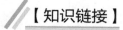【知识链接】

一、台达 ASDA-AB 系列伺服控制器的特点

台达 ASDA-AB 系列伺服控制器提供了位置、速度和转矩三种基本操作模式，可使用单一控制模式，即固定在一种模式进行控制，也可选择用混合模式来进行控制，共有 11 种控制模式，具体见表 4-8 列出的所有操作模式与说明。其模式改变操作方便，只需将模式码填入设置参数中，设定完成后，将控制器断电再重启送电即可。

表 4-8　台达 ASDA-AB 系列伺服控制器控制模式

模式名称		模式代号	模式码	说　　明
单一模式	位置模式（端子输入）	Pt	00	驱动器接受位置命令，控制电动机至目标位置。位置命令由端子输入，信号形态为脉冲
	位置模式（内部寄存器输入）	Pr	01	驱动器接受位置命令，控制电动机至目标位置。位置命令由内部寄存器提供（共八组寄存器），可利用 DI 信号选择寄存器编号
	速度模式	S	02	驱动器接受速度命令，控制电动机至目标转速，速度命令可由内部寄存器提供（共三组寄存器），或由外部端子输入模拟电压（-10~+10V）。根据 DI 信号来选择命令
	速度模式（无模拟输入）	Sz	04	驱动器接受速度命令，控制电动机至目标转速。速度命令仅可由内部寄存器提供（共三组寄存器），无法由外部端子提供。根据 DI 信号来选择命令
	转矩模式	T	03	驱动器接受扭矩命令，控制电动机至目标转矩。扭矩命令可由内部寄存器提供（共三组寄存器），或由外部端子输入模拟电压（-10~+10V）。根据 DI 信号来选择命令
	转矩模式（无模拟输入）	Tz	05	驱动器接受扭矩命令，控制电动机至目标转矩。扭矩命令仅可由内部寄存器提供（共三组寄存器），无法由外部端子提供。根据 DI 信号来选择命令
混合模式		Pt-S	06	Pt 与 S 可通过 DI 信号切换
		Pt-T	07	Pt 与 T 可通过 DI 信号切换
		Pr-S	08	Pr 与 S 可通过 DI 信号切换
		Pr-T	09	Pr 与 T 可通过 DI 信号切换
		S-T	10	S 与 T 可通过 DI 信号切换

其运行时整定时间低于 1ms，速度响应频宽为 450Hz，低速运转时在 1r/min 命令下，回转的速度实际变动误差最多只有 0.5%，内置 RS—232/485/422 接口，可以使用通信设定运转目标及转速，使用 RS—232/485 进行多轴通信控制。

二、台达 ASDA-AB 系列伺服控制器的结构和接线

台达 ASDA-AB 系列伺服控制器按输入电源可分为 220V 系列和 110V 系列两种，常用的220V 系列驱动器结构如图 4-17 所示。

其与常用外围装置的接线如图 4-18 所示。

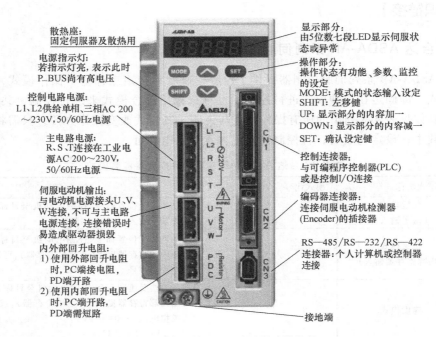

散热座:
固定伺服器及散热用

电源指示灯:
若指示灯亮, 表示此时
P_BUS尚有高电压

控制电路电源:
L1、L2供给单相、三相AC 200
～230V, 50/60Hz电源

主电路电源:
R、S、T连接在工业电
源AC 200～230V,
50/60Hz电源

伺服电动机输出:
与电动机电源接头U、V、
W连接, 不可与主电路
电源连接, 连接错误时
易造成驱动器损毁

内外回升电阻:
1) 使用外部回升电阻
时, PC端接电阻,
PD端开路
2) 使用内部回升电阻
时, PC端开路,
PD端需短路

显示部分:
由5位数七段LED显示伺服状
态或异常

操作部分:
操作状态有功能、参数、监控
的设定
MODE: 模式的状态输入设定
SHIFT: 左移键
UP: 显示部分的内容加一
DOWN: 显示部分的内容减一
SET: 确认设定键

控制连接器:
与可编程序控制器(PLC)
或是控制I/O连接

编码器连接器:
连接伺服电动机检测器
(Encoder)的插接器

RS—485/RS—232/RS—422
连接器:个人计算机或控制器
连接

接地端

图 4-17　常用的 220V 系列驱动器结构

三、台达 ASDA-AB 系列伺服控制器的面板操作与显示

面板各部分名称如图 4-19 所示, 各部分功能见表 4-9。

表 4-9　面板各部分功能说明

名称	功　能
显示器	五组七段显示器用于显示监控值、参数值及设定值
电源指示灯	主电源电路电容量的充电显示
MODE 键	进入参数模式或脱离参数模式及设定模式
SHIFT 键	参数模式下可改变群组码。设定模式下闪烁字符左移可用于修正较高的设定字符值
UP 键	变更监控码、参数码或设定值
DOWN 键	变更监控码、参数码或设定值
SET 键	显示及储存设定值

常用操作参数设定流程:

1) 接通驱动器电源时, 显示器会先持续显示监控显示符号约 1s, 然后才进入监控显示模式。

2) 在监控模式下, 若按下 UP 或 DOWN 键可切换监控参数。此时, 监控显示符号会持续显示约 1s。

3) 在监控模式下, 若按下 MODE 键可进入参数模式。按下 SHIFT 键时可切换群组码。UP/DOWN 键可变更后二字符参数码。

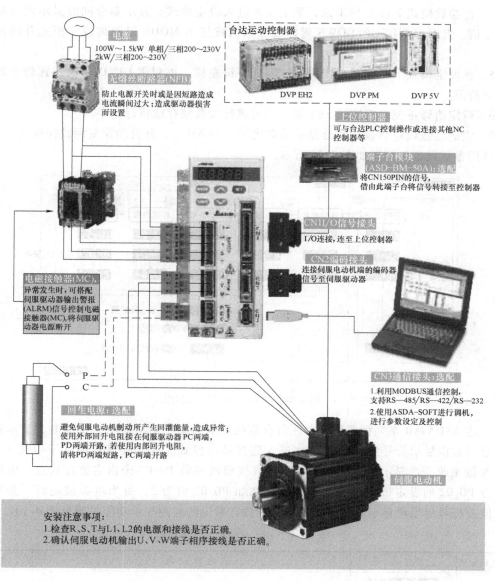

电源
100W~1.5kW 单相/三相200~230V
2kW/三相200~230V

无熔丝断路器(NFB)
防止电源开关时或是因短路造成
电流瞬间过大;造成驱动器损害
而设置

台达运动控制器

DVP EH2　　DVP PM　　DVP 5V

上位控制器
可与台达PLC控制操作或连接其他NC
控制器等

端子台模块
(ASD-BM-50A):选配
将CN150PIN的信号,
借由此端子台将信号转接至控制器

CN1I/O信号接头
I/O连接,连至上位控制器

CN2编码接头
连接伺服电动机端的编码器
信号至伺服驱动器

电磁接触器(MC),
异常发生时,可搭配
伺服驱动器输出警报
(ALRM)信号控制电磁
接触器(MC),将伺服驱
动器电源断开

P
C

CN3通信接头:选配
1.利用MODBUS通信控制,
支持RS-485/RS-422/RS-232
2.使用ASDA-SOFT进行调机,
进行参数设定及控制

回生电源:选配
避免伺服电动机制动所产生回灌能量,造成异常;
使用外部回升电阻接在伺服驱动器PC两端,
PD两端开路,若使用内部回升电阻,
请将PD两端短路,PC两端开路

伺服电动机

安装注意事项:
1.检查R、S、T与L1、L2的电源和接线是否正确。
2.确认伺服电动机输出U、V、W端子相序接线是否正确。

图 4-18　台达 ASDA-AB 系列伺服控制器接线

MODE键　　　　　　　　　SET键
SHIFT键　　　　　　　　　UP键
电源指示灯　　　　　　　　DOWN键

图 4-19　台达 ASDA-AB 伺服控制器的面板各部分名称

4）在参数模式下按下 SET 键，系统立即进入设定模式。显示器会同时显示此参数对应的设定值。此时可利用 UP/DOWN 键修改参数值或按下 MODE 键脱离设定模式并回到参数模式。

5）在设定模式下可按下 SHIFT 键使闪烁字符左移，再利用 UP/DOWN 快速修正较高的设定字符值。

6）设定值修正完毕后按下 SET 键，即可进行参数储存或执行命令。

7）完成参数设定后显示器会显示结束代码「-END-」，并自动恢复到监控模式。

常用参数设定流程图如图 4-20 所示。

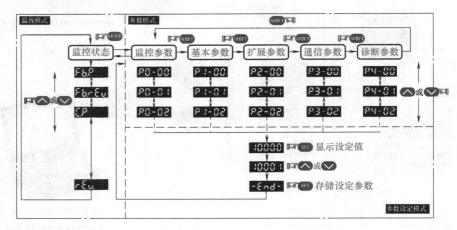

图 4-20　常用参数设定流程图

台达 ASDA-AB 系列伺服控制器还具有监控显示功能。驱动器电源接通时，显示器会先持续显示监控显示符号约 1s，然后才进入监控显示模式。在监控显示模式下可按下 UP 或 DOWN 键来改变欲显示的监控状态，或可直接修改参数 P0-02 来指定监控状态。电源接通时会以 P0-02 的设定值为预设的监控码。例如 P0-02 值为 2，每当电源接通时，会先显示 C.P 监控符号然后再显示脉冲命令输入脉冲数。常见的监控显示功能说明见表 4-10。

表 4-10　常见监控显示功能说明

P0-02 设定值	监控显示符号	内容说明	单位
0	FbP	电动机反馈脉冲数（绝对值）	[pulse]
1	Fb.rEu	电动机反馈旋转圈数（绝对值）	[rev]
2	C.P	脉冲命令输入脉冲数	[pulse]
3	C.rEu	脉冲命令旋转圈数	[rev]
4	PErr	控制命令脉冲与反馈脉冲误差数	[pulse]
5	CPFr	脉冲命令输入频率	[r/min]
6	SPEEd	电动机转速	[r/min]

（续）

P0-02 设定值	监控显示符号	内 容 说 明	单位
7	C.SPd1	速度输入命令	[V]
8	C.SPd2	速度输入命令	[r/min]
9	C.tq1	转矩输入命令	[V]
10	C.tq2	转矩输入命令	[%]
11	AuG.L	平均转矩	[%]
12	PE.L	峰值转矩	[%]
13	UbuS	主电路电压	[V]
14	JL	负载/电动机惯性比	[times]
15	PLS.	电动机反馈脉冲数（相对值）/位置 latch 脉冲数	[pulse]
16	rEu.	电动机反馈旋转圈数（相对值）/位置 latch 旋转圈数	[rev]

常用 220V 系列驱动器位置（Pt）模式端子标准接线如图 4-21 所示。

【任务实施】

一、内部位置寄存器控制（含原点回归功能）

如图 4-22 所示，假设电动机顺时针旋转（从电动机轴观看），工作台移向极限开关 L.S.1，电动机逆时针旋转；反之，移向 L.S.2。设原点回归以 L.S.1 为基准点，原点回归时会寻找 Z pulse 且不需要任何的偏量。工作台将依工作程序定位在 P1 及 P2 两点上。试根据要求写出指令参数和操作方法，并绘制控制指令脉冲图。

实施过程：

1）参数设定：

① P1-01=1（内部位置寄存器控制模式 Pr 设定）。

② P1-47=100（启动顺转原点回归）。

③ P2-15=022（CWL 逆转极限输入，此时 L.S.1 b 接点接于 DI6）。

④ P2-16=023（CCWL 正转极限输入，此时 L.S.2 b 接点接于 DI7）。

⑤ P2-10=101（SON 伺服启动，内定值 DI1）。

⑥ P2-11=108（CTRG 内部命令 trigger，内定值 DI2）。

⑦ P2-12=111（POS0 内部位置寄存器选择，内定值 DI3）。

⑧ P1-33=0（绝对型位置控制）。

⑨ 设定 P1-15、P1-16 为位置 P1（内部位置命令寄存器 1）。

⑩ 设定 P1-17、P1-18 为位置 P2（内部位置命令寄存器 2）。

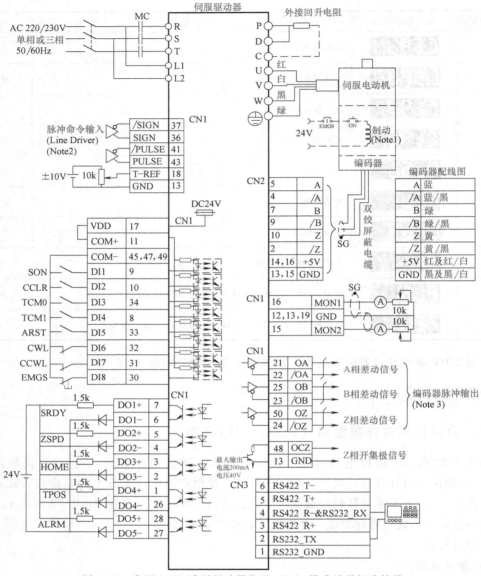

图 4-21　常用 220V 系列驱动器位置（Pt）模式端子标准接线

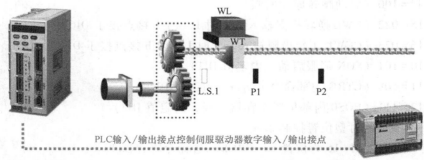

PLC输入/输出接点控制伺服驱动器数字输入/输出接点

图 4-22　伺服控制器位置控制工位图

⑪ P2-18 = 101（SRDY 伺服准备结束 DO1）。

⑫ P2-21 = 105（TPOS 定位完成 DO4）。

⑬ P2-20 = 109（HOME 原点回归完成 DO3）。

⑭ P1-50 = 0，P1-51 = 0（原点回归偏移转数、脉冲数）。

2）其他相关参数设定：P1-34、P1-35、P1-36（加减速设定）、P1-48、P1-49（原点回归速度设定）

3）操作步骤：重新启动电源；等待 SERVO ready 完成并按下 SERVO On 键后，系统自动完成原点回归；当 Home ready 完成时，即可实现 P1、P2 的定位功能。

具体的输出控制指令脉冲如图 4-23 所示。

二、定距离送料（内部增量位置命令）

如图 4-24 所示，假设电动机控制右侧转轴每次触发即旋转 1/4 圈（10000/4 = 2500Pulse），即每次旋转 90°，无触发指令是转轴保持静止不动，当旋转完一周后还可直接进行下一周的旋转。试根据要求写出指令参数设定、操作方法，绘制控制输出指令脉冲图。

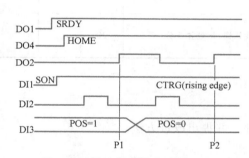

图 4-23　输出控制指令脉冲（1）

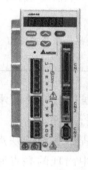

图 4-24　定距离送料示意图

实施过程：

1）参数设定：

① P1-01 = 1（内部位置寄存器控制模式设定）。

② P2-10 = 101（SERVO On，内定值 DI1）。

③ P2-11 = 108（CTRG 内部命令 trigger，内定值 DI2）。

④ P1-15 = 0（位置转数为零）。

⑤ P1-16 = 2500（位置旋转脉冲数）。

⑥ P1-33 = 1（增量型位置控制）。

⑦ P2-18 = 101（SRDY 伺服准备结束，内定值 DO1）。

⑧ P2-21 = 105（TPOS 定位完成，内定值 DO4）。

2）其他相关参数设定：P1-34、P1-35、P1-36（加减速设定）。

3）操作步骤：重新启动电源；等待 SERVO ready 完成后按下 SERVO On 键；DI2 触发后，电动机自动旋转 1/4rev。

具体的输出控制指令脉冲如图 4-25 所示。

【任务评价】

1. 学生自评和小组评价

小组通过各种形式将整个任务完成情况的工作总结进行展示，以组为单位进行评价，见表 4-11；课余时间由本人完成"学生自评"，由教师完成"教师评价"内容。

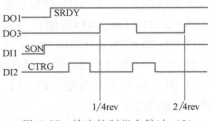

图 4-25　输出控制指令脉冲（2）

表 4-11　评价表

序号	主要内容	考核要求	评分标准	配分	扣分	得分
1	学习兴趣	能主动学习知识，提出问题	不能够自学，扣 5~10 分	30		
2	遵守纪律	遵守课堂纪律，遵守操作规程	1. 违反相关纪律，每处扣 5 分 2. 违反相关操作规程，每处扣 10 分	30		
3	知识掌握程度	对所学知识能够全能理解、掌握	知识点理解错误，扣 10 分	20		
4	查阅资料的能力	会通过各种途径查阅相关资料	资料查找错误，每处扣 5 分	20		

2. 教师点评（教师根据各组的展示评价）

1）找出各组的优点进行点评。

2）对整个任务完成过程中各组的缺点进行点评，并提出改进方法。

3）总结整个活动完成中出现的亮点和不足。

【思考与练习】

1）写出内部增量位置命令常用的参数设定表。

2）总结台达 ASDA-AB 系列伺服控制器的优点。

参 考 文 献

［1］ 钱平. 交直流调速控制系统［M］. 北京：高等教育出版社，2008.

［2］ 陈相志. 交直流调速系统［M］. 北京：人民邮电出版社，2011.

［3］ 陈怀中. 交直流调速系统与应用［M］. 杭州：浙江大学出版社，2012.

［4］ 丁莉. 变流与调速技术应用［M］. 北京：化学工业出版社，2006.

［5］ 李方圆. 西门子变频器学习与应用［M］. 北京：机械工业出版社，2012.

［6］ 李良仁. 变频器调速技术与应用［M］. 北京：电子工业出版社，2005.

［7］ 施利春，李伟. 变频器操作实训（森兰、西门子）［M］. 北京：机械工业出版社，2007.

［8］ 胡寿松. 自动控制原理［M］. 北京：科学出版社，2011.